U0828047

国家社会科学基金项目“民国时期皖江流域水利事业及其生态环境影响研究”（项目编号：20BZS103）成果

安徽省哲学社会科学规划项目“堤坝、环境与社会——清至民国皖江流域堤坝水利工程研究”（项目编号：AHSKY2016D144）成果

皖江堤防工程及其生态影响研究（1644—1949）

房利◎著

安徽师范大学出版社
ANHUI NORMAL UNIVERSITY PRESS
·芜湖·

图书在版编目(CIP)数据

皖江堤防工程及其生态影响研究:1644—1949 / 房利著.—芜湖:安徽师范大学出版社,2021.8

ISBN 978-7-5676-5363-4

I. ①皖… II. ①房… III. ①堤防—水利工程—研究—安徽—1644—1949 IV. ①TV871

中国版本图书馆CIP数据核字(2021)第172098号

皖江堤防工程及其生态影响研究(1644—1949)

WANJIANG DIFANG GONGCHENG JIQI SHENGTAI YINGXIANG YANJIU (1644—1949)

房利◎著

责任编辑:李慧芳　　责任校对:蒋　璐

装帧设计:王晴晴　　责任印制:桑国磊

出版发行:安徽师范大学出版社

芜湖市北京东路1号安徽师范大学赭山校区

网　　址:http://www.ahnupress.com/

发 行 部:0553-3883578　5910327　5910310(传真)

印　　刷:江苏凤凰数码印务有限公司

版　　次:2021年8月第1版

印　　次:2021年8月第1次印刷

规　　格:700 mm × 1000 mm　1/16

印　　张:11.75

字　　数:197千字

书　　号:ISBN 978-7-5676-5363-4

定　　价:49.00元

如发现印装质量问题,影响阅读,请与发行部联系调换。

序　言

安徽简称“皖”，人们亦习惯于把由西南向东北，蜿蜒流过安徽省境的长江干流河段称为“皖江”。在江水滋养下，皖江两岸自古经济发达，文化繁盛，是安徽省最令人向往的地方。就农业而言，皖江流域兴筑圩田，种稻养鱼，亦属鱼米之乡。不过，这里地处亚热带季风性湿润气候区，春夏之际降雨骤增，江河涨溢，易成泽国。尤其是皖江两岸地势低平，每当汛期，圩田村落往往遭受江水袭击，民众生命财产安全堪忧。为此，筑堤防洪、排灌保田就成为历史时期皖江地区官府和民间的重要任务。

皖江堤防体系的雏形形成于清至民国时期。经过数百年的加筑培修，皖江地区出现江堤、河坝、圩埂互为统一协调的堤防水利系统及人工景观。两岸的干堤，以及与之相配合的圈堤、内湖支堤，不仅保护了大量的耕地，还守卫着安庆、芜湖等地的安全。不过，皖江堤防工程在为沿江民众带来好处的同时，也改变了当地的水系格局和生态环境，导致自然灾害频发，阻碍了航运经济发展。加之工程修筑和维护不善，堤坝溃决引发的水灾，也对皖江两岸民众的生产生活带来巨大冲击与破坏。如何有效解决这些矛盾，兴利除弊，皖江人民在长期的筑堤捍水实践中积累了大量经验与教训，很值得今人总结和思考。

近些年以来，水利史和流域史研究颇受关注，新成果不断涌现。前者突破了以往工程技术史的局限，向水利社会史拓展；后者则将考察视野由政区扩大到自然地域范围，注重生态环境史及文化史的研究。安徽境内有淮河、长江、新安江三大水系，大小河流300多条，自古就是水利大省。比较而言，历史上的淮河是一条泛滥七八百年的祸河，屡治屡溃，曾给两岸民众带去了深重灾难，以往关于淮河水利史的研究论著很多；新安江偏居安徽东南一隅，且主要流经山区，影响有限；皖江堤防水利总体比较成功，利大于弊，两岸生态条件优越，社会富庶，过去关于皖江治理与堤防史的研究相对薄弱。清至民国时期皖江堤防工程建设选题立足新时代，巧妙综合水利史和流域史研究的新认识，从皖江地区的自然环境与人地关系、堤防修筑历程与技术、役夫征派、经费筹措、施工管理、运行维护、生态影响等方面展开论述，较好地扩充了区域水利史研究的内容。

房利曾在铜陵学院任职，身处长江之滨，对皖江水利史颇多关注。2014年，他在南京农业大学取得博士学位，学位论文题目为《清至民国时期皖江堤防工程建设及其生态影响研究》。毕业之后，经多年沉淀和反复修改打磨，这部基于学位论文的著作即将付梓，其他相关选题也于去年获得国家社科基金项目资助。该书优点突出，但仍存在一些不足，如文献资料搜集利用有欠缺，对水利社会文化史的探讨不够，语言表述尚需修改和提炼等。作为房利的指导教师，我愿为其新书序引，既有推介之情，更有共勉之意。

惠富平

2021年7月20日于南京

目　录

绪　论

一、选题依据和意义

（一）选题依据

我国自古以来以农立国，农业发展的历史十分悠久。纵观农业发展史，农业的兴衰与水利工程有着极为密切的关系。水利是农业的命脉，水利的兴废关系到人民的生产和生活，历代政府和人民都把水系治理和堤坝修筑放在重要位置。安徽省境内有淮河、长江、新安江三大水系，大小河流三百多条横贯其间，自古以来就是水利大省。安徽因境内有皖河和皖山而简称“皖”，因此，人们习惯于把流经安徽的长江干流河段，即长江安徽段，称为“皖江”。皖江左岸上始鄂皖交界处宿松县段窑，下至和县驻马河口出境；右岸上自赣皖交界处的牛矶，下至皖苏交界处的和尚港进入江苏省境。皖江全长416公里，流域面积6.6万平方公里①。皖江地区位于长江中下游平原，是安徽省重要的农业生产基地。皖江地区属于亚热带季风性湿润气候，天气多变，一般春夏之际雨水较多，所以每当春夏之交时，江水暴涨，易成泽国。而皖江两岸圩田，由于地势低平，每当汛期时，圩田往往会遇到江水倒灌和破圩的危险，岌岌可危。特殊的自然条件和气候特征决定了皖江地区主要的自然灾害是洪涝灾害，为保护人们的生命财产和农业生产，堤防工程就成为当地最主要的防洪措施。

皖江堤防工程主要由江堤、河湖堤坝、圩田圩埂等堤防构成。历史时期皖江堤防工程经过几代人的加筑和培修，使该地区出现了江堤、河坝、

① 赵崔莉：《清代皖江圩区社会经济透视》，安徽人民出版社2006年版，第5页。

圩埂互为协调统一的堤防水利系统。这些堤防工程和皖江两岸圩田形成了彼此互为资源、互为生存环境的格局，成为皖江地区特有的亮丽景观。皖江两岸干堤、圈堤、内湖支堤不仅保护了耕地，还守护着安庆、芜湖等地的安全，具有举足轻重的地位。因此，皖江堤防工程不仅能保障皖江地区的农业生产，还能保护城市的安全。

堤防工程是人类改造自然，利用自然，为人类自身服务的设施与手段，但也是对环境的一种干扰、冲击和破坏。人类未曾想到的是，他们利用堤防获取社会、经济和生态环境效益的同时，也对社会和生态产生了一定的负面影响。历史时期，皖江堤防工程的建设有效地保障了皖江地区的农业生产发展，但不可否认的是，人类在进行堤防工程建设过程中，由于认识不足、技术不成熟等一些社会因素，对皖江地区的自然和社会生态造成了一系列的负面影响。可见，堤防一方面是为了抵御季节性洪水，保护农耕区域；另一方面，它也是人类与自然、社会互动过程中的产物。人类根据原有的生态条件，因势利导地进行农业开发和水利建设，促进了当地社会经济的发展，但是生态系统在人类活动过程中，一方面适应了当地的社会经济发展模式，促进了工农业生产的发展；另一方面，人类活动破坏了原有的生态系统，对人类的生产和生活造成了消极影响。如何认识这种相互作用以及如何应对这种结果，都给当今皖江人民提出了新的课题。因此，突破对皖江地区堤防工程本身的研究，对堤防工程与生态之间的相互关系展开全面、系统的深入研究显得尤为重要。

（二）选题意义

1.学术意义

首先，有助于加深对长江水利史的研究。以往的长江水利史研究虽然取得了相当的成就，但大多数成果主要是对长江治理及其工程技术的研究，没有注重水利工程变迁过程中对自然和社会生态的影响研究。本书所进行的研究，以皖江堤防工程为主要研究对象，在分析堤防工程与洪水灾害、修筑堤防所涉及的物料、役夫以及经费管理的基础上，探讨其对生态的影响，不再局限于堤防工程本身，而是进一步考察堤防工程建设的影响，这无疑有助于加深对长江水利史的研究。

其次，有助于加深对生态环境史的研究。水利工程是人类改造自然、利用自然，为人类自身服务的设施与手段，但也是对环境的一种干扰、冲击甚至破坏。人类在利用堤防工程获取社会、经济和生态效益的同时，生态也受到了一定的负面影响。本书从堤防工程的角度探讨人类的治水活动对生态的影响，有助于加深对生态环境史的研究。

最后，有助于弥补对皖江地区水利史、环境史和社会史研究的不足。目前，学术界对长江流域的汉水流域、太湖流域研究较多，对皖江流域研究较少。安徽是水利大省，水利研究资料丰富，其中关于淮河水利史问题的研究论著最多，关于皖江治理和堤防史的研究也受到不少学者关注，但相对较少，尤其是关于历史时期安徽长江堤防修筑、管理和维护等方面的探讨不够具体和深入。本书以皖江地区为中心，通过皖江地区堤防工程研究，探讨皖江地区堤防工程给该地区带来的生态影响，有助于加强对皖江地区水利史、环境史和社会史的研究。

2. 现实意义

当前，中国水利事业正面临新一轮挑战，一方面防洪治水在新形势下难度加大，另一方面，堤防工程建设与管理注重生态、社会和经济协同发展，向可持续发展型转变。20世纪90年代，安徽省委、省政府提出加快皖江地区经济发展的战略，努力实现与长三角的无缝对接，皖江地区成为安徽东向发展战略的重点和“排头兵”。安徽是水利大省，皖江地区是其重要的农业生产基地。经济的发展离不开水利事业的进步，皖江堤防工程建设和发展对皖江地区经济的快速发展起着极其重要的作用；水利工程往往引发区域生态和社会环境的变迁，而环境和社会的变化也影响水利工程的建设和治理。可见，在人类的作用下水利工程与环境是相互关联的，如何认识这种相互作用以及如何应对这种结果，都给当今社会提出了新的课题。因此，突破对皖江地区堤防工程本身研究，全面、系统地开展对堤防工程与环境变迁关系的深入研究尤为重要，对于当代水利工程与环境的协同发展具有重要的借鉴价值。

二、概念界定及研究时空

（一）概念界定

堤防工程是指沿河、渠、湖、海岸或行洪区、分洪区、围垦区的边缘修筑的挡水建筑物。堤防按其修筑的位置不同，可分为河堤、江堤、湖堤、海堤、水库以及蓄滞洪区低洼地区的围堤等；按其功能可分为干堤、支堤、子堤、遥堤、隔堤、行洪堤、防洪堤、围堤（圩垸）、防浪堤等。由于历史时期长江安徽段流域较广，河道演变较大，湖泊较多，沿江干堤最初是由许多河湖以及圩埂堤坝演变而成。因此，本文重点探讨的是清至民国时期安徽沿江的江岸河湖堤防，另外，与江岸河湖堤防有密切相关的其他堤防也是关注点之一。

（二）研究时空

1.研究时段的选择。本书研究时段是清至民国时期，即1644年至1949年。因为这段时期是安徽长江堤防主要形成时期，而且这段时期是安徽沿江堤防发生变化的关键时期，也是当代的皖江堤防体系的雏形形成期。另外，清至民国时期是一个较长的时间段，只有通过长时间段的考察，才能系统研究堤防演变过程及其带来的影响，这样才可以清晰探讨其规律和特征。此外，清至民国时期有大量的史志材料以及碑刻、笔记、奏折等文献资料，这些资料尤其是方志为我们研究当时的水利工程提供了一个非常好的资料条件。

2.研究区域的确定。区域是人类活动的一个重要舞台，是一个特定的空间。区域研究是历史地理学的重要研究方法之一，它可以清楚地把人地关系研究系统化。历史地理学家王守春在《论历史流域系统学》中就说道："今后研究的侧重点应当放在把河流与流域作为一个整体或一个系统来进行研究。"[①]

历史上，安徽由于境内有皖河和皖山而简称"皖"，因此，人们习惯于

① 王守春:《论历史流域系统学》,《中国历史地理论丛》1988年第3期。

把流经安徽的长江干流河段，即长江安徽段，称为“皖江”[①]。早在几十万年前，皖江地区就已存在人类足迹。人类学家根据和县龙潭洞遗址发掘考察认为，“和县猿人”的生活年代早于北京猿人。春秋战国时期，皖江地区属于吴楚范围。安徽正式设立省份是在清康熙年间。康熙元年（1662年），当时设立安徽巡抚，驻怀宁（安庆）。康熙六年（1667年），析江南省为江苏、安徽两省，这是安徽省建省之始。乾隆二十五年（1760年），省会由江宁移治安庆府。

皖江地区，是20世纪90年代初安徽省委、省政府制定发展战略时提出的经济概念，其范围包括马鞍山、芜湖、铜陵、安庆、池州、巢湖、宣城以及滁州市的东部地区，区域面积达5.6万平方公里。本文研究的皖江地区主要指的是长江水系的皖江地区，即长江安徽段两岸地区。并非指的是现今经济区域概念的皖江地区，其范围涉及皖江及其南北各支流流经的大片区域，流域面积达6.6万平方公里。

清代，皖江流经的安徽府州县依次为：“自安庆城外东北—西南上流，自小孤汇浔阳、彭蠡而东入宿松界，经望江，下至安庆城东北，入无为界；南岸，自东流、池州至铜陵，折东北为芜湖、太平，西北为含山、和州。”[②]具体而言，清代皖江流域包括安庆府的桐城、望江、宿松、太湖、潜山、枞阳、怀宁、岳西，庐州府的合肥、庐江、舒城、巢县，宁国府的宣城、泾县、南陵、宁国、旌德、太平，池州府的贵池、青阳、铜陵、石埭、建德、东流，太平府的当涂、芜湖、繁昌。此外，还包括六安、广德、和州、滁州四个直隶州以及庐州府属的无为州[③]。“民国初年，安徽省会设在安庆，先后取消府，分全省为三：芜湖道（驻芜湖、长官称尹）、安庆道（道尹驻安庆）、淮泗道（道尹驻凤阳）。1928年，废道。1932年，开始设行政督察区，区设专员公署，管辖各县。至1936年全省共设10个行政督察区：第一区，专署驻太湖；第二区，专署驻芜湖；第五，专署驻滁县；第八区，专署驻贵池；第九区，专署驻宣城。”[④]抗日战争时期，省会迁立煌

① 赵崔莉：《清代皖江圩区社会经济透视》，安徽人民出版社2006年版，第5页。

② 赵崔莉：《清代皖江圩区社会经济透视》，安徽人民出版社2006年版，第5—6页。

③ 赵崔莉：《清代皖江圩区社会经济透视》，安徽人民出版社2006年版，第6页。

④ 郭万清，朱玉龙：《皖江开发史》，黄山书社2001年版，第9页。

县（今金寨县），国民政府无法实行有效的行政治理。抗战胜利后，省会迁至合肥[①]。

三、研究动态

近年来，学界对清至民国时期的水利史研究趋于多元化。从单纯研究水利工程技术、治水措施延伸到水利社会和生态等方面的综合研究，内容多而丰富。这些丰富的资料为我们今天研究水利史奠定了详实的基础和支撑。本书主要是探讨清至民国时期皖江堤防工程及其生态影响研究，因此，这里的学术史回顾主要是围绕这一研究展开的。

（一）关于清至民国时期皖江地区堤防工程研究

这里涉及的堤防工程主要是指长江安徽段干流和支流的江堤与河湖堤坝。专门论述这段时期皖江地区堤防的专著不是太多，一些通史性质的水利著作也只是简要述之。郑肇经《中国水利史》（商务印书馆1939年版）总结了近代长江水利与灌溉技术，其中也涉及了民国时期皖江水利建设概况，为中国近代水利史的开创之作。钟歆《扬子江水利考》（商务印书馆1947年版）介绍了皖江浚治、堤防、堰闸等方面的修疏工程，是民国时期治江文献中的重要著作。专门描述长江水利工程的专著是1979年由长江流域规划办公室《长江水利史略》编写组编写的《长江水利史略》，该书分别记述防洪、灌溉、航运、湖泊治理等各类工程的形成和兴废，其中专门在第六章第一节《水灾与堤防》中谈到明清时期皖江的同马大堤以及无为大堤的形成过程。周惠《皖中抗日根据地的著名水利工程——惠生堤》（《安徽史学》1985年第3期）主要讲述了抗战时期惠生堤的建设过程及概况。杭宏秋《皖江护堤林古今谈》（《古今农业》1999年第3期）分析了历史时期皖江江河堤防防护林的历史及现状。安庆市水利局2001年编的《同马大堤志稿》，该书从地理环境、堤防建设及管理方面提供了一些关于同马大堤的珍贵史料。孙语圣《民国时期安徽的水利建设》（《民国档案》2002年第4期）着重分析了民国时期安徽水利行政变动及其水利建设状况。李卫华主编的

① 郭万清，朱玉龙：《皖江开发史》，黄山书社2001年版，第9页。

《无为大堤志》（九州出版社2005年版），以水利志的体例系统地叙述了皖江无为大堤历史演变以及修防概况，并且叙述了无为江堤的组织管理制度、水利纠纷以及堤防建筑等方面内容，对于本文的研究具有重要的史料参考价值。徐建平《民国时期鄂皖赣三省沿江边界调整与江堤维护》（《史林》2009年第4期）对民国时期皖江同马大堤堤防作了介绍，认为此江堤每当江水暴发时江堤溃破的主要原因在于修防制度不完善和江堤边界归属的模糊性。汪志国《近代安徽水利事业述论》（《安徽史学》2010年第4期）分析了长江安徽段干流堤防的修筑与堵合以及其支流河堤的治理。房利、富惠平《清代安徽无为江堤治理研究》（《中国农史》2014年第5期）概述了清代无为江堤治理的原因、理论及实践，总结了经验教训。

（二）关于清至民国时期皖江地区堤防工程的生态影响研究

水利工程对生态的影响，近年来也引起不少学者关注，但是大都关注的是黄河、大运河、长江中游地区、太湖流域以及关中一带水利，对安徽水利工程影响方面关注较多的是淮河流域，对皖江地区研究不是太多。鲁西奇、潘晟编著的《汉水中下游河道变迁与堤防》（武汉大学出版社2004年版）一书系统地探讨了历史时期汉水中下游河道的变迁与堤防建设情况，对河道变迁与堤防建设之间的关系的考察，揭示了堤防兴起与发展的过程中地理环境与人类活动之间的复杂关系。该书虽然研究的是汉水流域，但对于皖江江堤的研究具有一定启发意义。2007年，复旦大学王大学博士论文《明清"江南海塘"的建设与环境》主要探讨了明清时期江南海塘修筑过程中的生态影响以及施工中的人地关系。它虽然研究的是江南海塘工程，但对于皖江堤防研究具有重要的借鉴作用。2008年，复旦大学肖启荣博士论文《明清时期汉水中下游的水利与社会》主要从修筑经费筹措的变迁以及地方政府的管理角度比较详细地论述了汉水流域堤防修筑，强调了水利与社会、环境之间的互动关系。2008年，复旦大学李德楠博士论文《工程、环境、社会：明清黄运地区的河工及其影响研究》主要从河工的物料、役夫以及经费的使用及其对自然水系和农业生产的影响等方面探讨了河工的建设，虽然主要研究的是河工的建设及其影响，但其思路对于皖江堤防工程的思考具有较大的参考价值。

涉及皖江地区的主要有：庄华峰、王建明《安徽古代沿江圩田开发及其对生态环境的影响》[《安徽大学学报（哲学社会科学版）》2004年第2期]，从圩田水利开发角度详细叙述了水利开发与生态环境相互作用。圩田水利在改善生态环境的同时也带来了弊端。赵崔莉《清朝无为江堤屡次内迁与长江流域人地关系考察》（《古今农业》2004年第4期）从人地关系角度考察了皖江无为江堤屡次变迁过程及原因，探讨了江堤变迁与人类活动之间的相互关系。惠富平、黄富成《汉代江淮地区陂塘水利发展及其环境效应》（《中国农史》2007年第2期）论述了汉代安徽陂塘水利工程建设及其对当地的农业发展、农业环境与人居环境变化具有积极影响。胡惠芳《近代皖江地区圩田开发及其影响探析》（《池州学院学报》2010年第4期）着重分析了近代皖江圩田的开发及其对社会经济和生态环境的影响，这对于探讨近代皖江地区的圩田水利工程有一定的借鉴作用。方前移《北宋以来青弋江、水阳江流域人地关系与环境变迁》（《农业考古》2011年第1期）主要论述了青弋江、水阳江流域圩田水利开发以及其对生态环境的影响。

（三）关于清至民国时期皖江地区圩田水利工程的研究

研究皖江堤防工程相关问题，绕不开圩田水利工程，许多沿江堤防工程就是由圩田水利工程演变而成或因圩田而修筑，因此，对皖江圩田水利工程的了解必不可少。一直以来学者对于圩田水利工程关注较多，我们这里重点梳理的是有关清至民国时期皖江地区圩田水利工程建设，主要涉及的是圩田的堤防工程。杭宏秋《简论安徽沿江圩埠的历史演变》（《中国农史》1988年第4期）探讨了皖江地区圩埠的兴起和分期问题，阐述了联圩并埠的背景及优点。汪家伦、张芳《中国农田水利史》（农业出版社1990年版）虽然从全国角度叙述了农田水利工程，但书中对安徽长江沿江圩田也进行了简单的叙述。彭雨新、张建民编著的《明清长江流域农业水利研究》（武汉大学出版1993年版），书中专门针对明清时期安徽江北地区圩田水利技术的发展、圩田的开发现状及原因作了较为详尽的论述。赵崔莉《清代皖江圩区社会经济透视》（安徽人民出版社2006年版）借鉴人地关系理论把清代皖江圩区置于宏大的人地系统中，考察了皖江圩区诸多人口、资源、环境和发展等社会经济问题，也分析了皖江无为江堤内迁的生态因素与皖江圩区的水利纠纷，对于皖江圩堤的研究具有重要的参考价值。2007年，南京农业大学梁诸英博士论文《明清时期皖南平原农业生产发展研究》论述了清代皖江地区圩堤的修缮和为了防御洪涝采取的联圩并埠的治理措施。2009年，南京农业大学陈恩虎博士论文《明清时期巢湖流域农业发展研究》从建立完整的圩堤、涵闸等水利体系，修筑堤防系统，采用联圩、并圩、分圩御水，重视圩岸护养四个方面详细论述了巢湖流域圩田圩岸的维护。

（四）关于清至民国时期皖江地区水旱灾害的研究

与水利工程密切相关的是水旱灾害情况。由于皖江地处中纬度地区南部，属于亚热带季风气候区，降水量变化大，分布不均，易造成水旱灾害交替发生。安徽省水利勘测设计院1981年编写的《安徽省水旱灾害史料整理分析》列举了安徽水旱交替发生的年份，为分析皖江水旱灾害提供了十分宝贵的资料。陆芹英、汪志国《近代安徽水灾之探析》［《安徽大学学报（哲学社会科学版）》2003年第3期］分析了近代安徽水灾的特征、发生的原因及其影响，特别是对农业生产的影响。虽然它是从整个安徽地区来分析近代水灾的，但是从中也可以了解到近代皖江地区水灾概况及影响。施和金《安徽历史气候变迁的初步研究》（《安徽史学》2004年第4期）通过对安徽省近300年气象资料的分析，得出安徽历史上因气候的变化和异常，造成了众多的水旱灾害，其中水灾多于旱灾，且时间上夏季最为集中。张崇旺《明清时期江淮地区频发水旱灾害的原因探析》［《安徽大学学报（哲学社会科学版）》2006年第6期］中特别指出，水利设施兴修、管理和使用的矛盾与纠纷，加剧了水旱灾害的频繁发生，从中看出水利设施与水旱灾害攸关。储庆、张晓纪在《清代安徽水灾对农业的影响》（《农业考古》2007年第6期）中指出，水灾对水利设施破坏的消极影响，但在一定时期也会促使政府投入更多的资金和人力物力巩固水利设施，提高抵御水灾的能力。汪志国在《近代安徽：自然灾害重压下的乡村》（安徽人民出版社2008年版）中论述了官府通过兴修水利来进行抗灾，详细叙述了民国时期长江安徽段干流堤防的修筑以及对华阳河、皖河、秋浦河等长江支流的治理。张安东的《民国时期安徽灾荒与农村社会经济》（《巢湖学院学报》2010年第2期）讲到民国时期安徽灾害以水旱灾害为主，并且着重探讨了灾害对农业和人口的影响，从而也影响水利工程建设。这里提到了水利工程与灾害的关系，但没有详细论述。2014年，安徽师范大学王艳红博士论文《明清皖江流域乡村水旱灾害及应对研究》，主要对明清时期皖江流域各府州县的水旱灾害进行系统考察和分析，在分析皖江乡村水旱灾害原因的基础上，论述了明清时期官府和民间的应对举措，总结了明清皖江流域防灾救灾的经验与教训。

总体上来说，目前，皖江水利研究越来越受到重视，相关的研究成果相继出现，其中关于清至民国时期皖江堤防工程的研究也有相关研究成果，但是研究内容尚不够全面和深入，尤其是对皖江堤防工程及其生态影响的研究缺乏深入探讨，主要有以下几个方面：

一是在研究堤防工程建设和自然灾害关系时，大多学者从灾害本身角度探讨灾害对农业和人口的影响，在研究皖江地区水旱灾害时很少有学者把其与堤防工程联系起来考察。

二是在研究皖江地区堤防工程修防方面，以往研究多侧重于圩田开发、工程技术、堤防形成过程等方面，虽然近年来也有学者从社会角度探讨堤防，但很少有人从物料、役夫、经费来源和使用等方面探讨皖江地区堤防工程的建设，特别是从微观方面研究其修防概况及管理。

三是在研究皖江地区堤防工程组织与管理方面，以往学者仅从水政或水利纠纷角度加以论述，并未从整个皖江水利组织、管理制度的变迁角度考察水利工程的建设成效。

四是在研究水利工程的影响方面，大多学者关注的是黄河、长江中游地区、太湖流域以及关中一带水利，对安徽水利工程影响方面关注较多也是淮河流域，对皖江地区的研究还是较少。有些文章仅从自然或社会单方面进行考察，目前从生态的视野来考察堤防工程建设不是太多，特别是从农业生产环境和居民生活环境角度考察皖江地区堤防建设的影响，还比较少。

鉴如此，本书在前人研究的基础上，通过对皖江堤防工程基本问题的分析，考察堤防工程与生态的互动关系，拓宽研究视野，加深对皖江堤防工程的进一步理解，希望对皖江江堤的综合治理及其生态保护有所裨益。因此，在总结相关研究成果的基础上，展开对清至民国时期皖江堤防工程及其生态影响的研究很有必要。

四、研究内容和框架

本书除了绪论和结语部分，正文共分为六章：

第一章主要阐述了皖江堤防工程形成的背景。由于皖江独特的自然环境和社会条件，皖江地方政府和人民历来把堤防建设作为首要任务。另外，皖江堤防工程的建设与圩田的开垦、自然灾害的频发以及水利科技的进步等相关，在这三种因素的相互作用下，促成了皖江堤防系统的形成。

第二章主要论述清至民国时期皖江堤防工程的修筑和技术。皖江沿岸的主要堤防工程是在清至民国时期修筑而成的，这段江堤主要有同马大堤、广济圩江堤、枞阳江堤、无为大堤等。修堤技术是在沿江人民筑圩技术的基础上发展而来。筑圩技术早在唐宋时期就已成熟，主要由筑堤、浚河、建闸三大技术组成。清至民国时期，皖江人民根据地貌特点，无论是在堤防的具体施工技术还是防护技术都取得进步，清代后期，联圩并埠技术的发展，使皖江堤防工程建设与江堤治理结合起来，这是皖江地区水利建设的一大创举。同样在这一时期，堤防建筑材料也出现变化，并引进了西方先进的技术，进一步提高了皖江堤防工程的防护效益。

第三章内容重点论述了堤防工程建设的役夫以及经费的管理和变迁。清至民国时期安徽沿江江堤有官坝、民坝之分，在江坝工程的性质上，有“官工”“民工”之别。正因为有这样的区别，从而使江堤修防过程中出现了官府承办、民办官助、官督民修、民力民办等多种江堤工程施工组织形式。多种施工组织形式，使江堤修防中役夫的派征方式以及经费出现多样化。本章主要从役夫和经费的角度探讨皖江堤防工程建设与社会、自然环境之间的相互关系。

第四章主要探讨皖江堤防工程建设的管理及其运行。清至民国时期，皖江堤防管理机构以及法规制度建设都取得了一定成就。民国时期，随着西方水利科技的引进，我国水利法规在吸收西方先进的科技思想和理论的基础上，获得了前所未有的发展机遇。这些管理机构和法规制度有效保证了堤防工程的建设。

第五章阐述了堤防工程对皖江地区自然生态的影响。堤防对水系格局的影响主要涉及开浚工程、闸坝工程和江坝工程三方面。水系格局的改变，既有自然因素，也有人为因素。具体到皖江地区，其堤防建设对水系格局的影响越来越明显，水系格局的改变既影响了本地区的江河地貌，也加剧了水灾暴发的频率。堤防工程对于皖江航运通道来说，既有其有利的一面也有其不利的一面。人类通过修筑堤防，对一些江流湍急的河道进行截弯取直，使江水平稳、畅通，利于船泊航行。另外，人类通过堤防改变长江水系格局，使长江水运条件更加符合运输要求。但不可否认的是，任何事物的影响都是双向的。堤防工程在取得水利效益的同时，其负面影响也越来越明显。一方面，人类筑堤束水，使江沙沉积更为严重，沙洲增多，江面变窄，必然影响其航运通道；另一方面，堤防工程的修建和崩坍加剧了河道泥沙的淤积，河道水系淤塞严重，河道航运条件恶化。堤防工程建设对沿江地区生物多样性的负面作用是不可忽视的。堤防工程的建设对于沿江周围的植物群落产生破坏作用，甚至会导致某些物种数量的减少或消亡。特别是对水生生物的影响，尤其是对鱼类的影响比较严重。

第六章主要探讨堤防工程对皖江地区社会生态的影响。堤防工程的建设虽然给皖江地区社会经济带来一定的水利效益，但它对农业环境和生活环境产生的负面影响也值得注意。它一方面造成农业生产劳动力减少，影响了农业生产的发展；另一方面，它使土壤环境恶化，造成农业耕地的缺失，这对农业发展十分不利。皖江堤防工程改善了皖江人民的生活环境，并且也优化、美化了人们的生活环境。但是堤防工程常因改变水系格局，引起水系混乱，从而影响了当地的居民生活环境。堤坝工程的溃破会引起更大的水灾，对乡民的生活环境造成巨大的灾难。堤防工程建设中的一些陋规弊端等行为严重影响了堤防工程的安全质量和堤防建设的效果。这些负面影响值得我们深思。

五、研究方法、创新之处及不足

（一）研究方法

1.历史文献学方法。历史文献的搜集和运用是史学研究的最基本的方法，通过对相关史料进行排比、分析，最大限度地复原历史原貌。本书在广泛搜集、整理和归类有关清至民国时期皖江堤坝建设的典籍资料的基础上，对清至民国时期皖江堤坝工程建设与生态关系进行实证研究。

2.综合运用多学科的理念与方法。研究清至民国时期的皖江堤防工程问题涉及文献学、生态环境史、历史地理学、水利学、社会史学等多个学科研究领域，不只是某一个单一学科的研究。本书依据选定的题目，协调好各方面的关系，运用多学科交叉的研究方法，全面系统地从多个角度对其进行较深入的研究。最后，尽可能的借助现代科技手段进行数据处理，利用表格、图片反映相关问题、表达作者观点，以便能更好地为人们理解和接受。

3.实地调查法。为获得第一手的资料，笔者实地调查了皖江地区人文地理环境，了解堤防工程建设现状，走访当地图书馆、档案馆、文史馆，广泛收集了地方文献、碑刻、谚语等资料。

（二）创新之处

1.本书细致探讨了皖江堤防建设过程中的日常管理与运行，重点对清至民国时期皖江堤防工程管理机构和堤防制度作了梳理，并对其管理运行模式的变迁进行了总结。还从微观角度探讨了皖江堤防工程修筑所需的役夫和经费的管理，尤其对皖江堤防工程修筑涉及的役夫和经费的变迁状况作了深入探讨，着重考察其变迁对皖江堤防工程建设过程的影响。

2.本书着重探讨了堤防工程建设与当地生态的相互关系，突破以往水利史研究中单纯从工程技术或工程建设某单方面进行的研究。本书从水利环境、航运通道自然形态以及动植物群落等方面探讨了堤坝建设对皖江地区自然生态的影响，从农业生产环境和居民生活环境角度论述了堤防建设对皖江地区社会生态的影响。在此基础上，还分析了生态的变化对堤防工程的影响。

3.现今，许多学者都非常重视对区域水利史的研究，但主要关注的是长江中游或黄河、淮河地区，而皖江地区作为长江流域非常重要的一部分，目前学者对皖江的堤防工程研究较少。本书从人文地理环境背景、堤防修筑过程、修筑技术以及管理模式等方面论述了清至民国时期皖江堤防工程建设，并分析了皖江堤防工程建设给皖江地区带来水利效益的同时也对该地区生态环境产生的负面影响。

（三）主要不足

1.有关清至民国时期皖江方面水利文献遗存下来的为数不多，特别是生态方面的资料更是零碎不全。尽管笔者对正史、地方志、档案文集进行了广泛搜集，但对散落在民间的碑刻和族谱资料掌握的不是太全面，这种状况会影响对皖江堤防建设历史的全面复原。

2.研究结构与体系尚不够完善，例如缺乏对皖江地区堤防建设与其他区域如长江中游、淮河流域堤防建设的比较。

第一章　清至民国时期皖江地区的自然环境与人地关系

皖江地区属于长江中下游平原，是安徽省重要的农业生产基地。纵观农业发展史，农业的兴衰与水利工程有着极为密切的关系，而水利工程的建设和发展离不开当地的自然环境和社会背景。皖江流域沿江地区地势低平，湖泊众多，人们依据地势修筑圩田发展农业生产。由于皖江地区夏季雨水较多，为保障圩田生产，当地政府和人们都十分重视水利工程建设，以修筑堤防为第一要务。本章重点从清至民国时期皖江地区的自然环境和人地关系两方面进行阐述，以对皖江地区堤防工程建设的自然环境和人地关系进行全面了解。

第一节　清至民国时期皖江地区的自然环境

安徽位于中国中东部，境内有淮河、长江、新安江三大水系，属于亚热带与暖温带的过渡区。大体位于北纬29°41′~34°38′，东经114°54′~119°37′。全省南北长约570公里，东西宽约450公里。这样的地理纬度和水系条件，加上地质构造的差异，决定了其地理环境具有多样性和复杂性的特点。皖江流域地处安徽省中南部，其东与江苏、浙江接界，西与江西、湖北毗邻。长江横贯其间，境内长江全长达到800余里，有“八百里皖江”之称。皖江地区地处沿江平原地带，“属扬子准地台的下扬子台坳，以轻度间歇性交替式的升降运动为主，长期以来以沉积作用为主，但也发生数度较弱侵蚀作用，故平原由河漫滩和2~3级阶地组成。在上升运动占主导地位的地方，分布成片的丘陵低山”[①]。这与安徽其他地方相比有鲜明的特色。因此，皖江地区是一个具有自己特色的独立的地理单元，这样的自然环境背景必然会影响这个地区的水利工程建设。

一、皖江地区的地貌、气候

由于地质结构以及地壳运动的差异，造成安徽省地貌格局具有多样性和多层性特征。据此，学者将全省分为五大地貌区，分别为淮北平原区、江淮丘陵区、皖西大别山山地区、沿江平原区和皖南山地丘陵区。

“根据地貌的特征，皖江地区属于沿江平原区，位于长江安徽段的南北两岸，是长江中下游平原的组成部分。南以香隅—殷家汇—青阳—南陵—宣州市—广德一线为界，北以宿松—太湖—潜山—桐城—老和尚包—岗集—梁园—滁州市—来安—汊涧一线为界，东北与江苏接壤，西南与湖北、江西毗连，包括安庆、铜陵、芜湖、马鞍山、滁州等市和池州、宣州、六安、巢湖等地区所辖诸县的全部或大部分。在大地构造上属下扬子台坳，是长期以来的沉降地带。长江及其支流携来大量泥沙在此堆积，形成了沿江平原，由河漫滩和三级阶地组成。因河谷发育受边界条件的影响，河谷时宽、时窄，呈藕状形态，在宽谷阶段成沙洲，长江安徽段共发育了40余个大小江心洲。另外，南北两岸不等的升降运动，促使长江南移，北岸发育了宽广的河漫滩和阶地，而南岸的河漫滩和阶地均较狭窄，不少地段江岸直逼山岳麓部。平原上有带状或片状分布的丘陵低山，尤其是铜陵、枞阳、繁昌和含山、和县等市县丘陵低山面积较大。平原的东西部地貌类型组成不完全相似，如铜陵市以东，平原以河漫滩、一级阶地为主，二级阶地比较零星，而铜陵市以西，平原则以河漫滩、二级阶地、三级阶地和湖群为主，且二、三级阶地，经流水切割，已成台、冲相间的分布状态。”[②]

皖江地区水系密集、湖泊众多，由于升降运动，分布成片的低山和丘

① 安徽省地方志编纂委员会:《安徽省志·自然环境志》，方志出版社1999年版，第3页。

② 安徽省地方志编纂委员会:《安徽省志·自然环境志》，方志出版社1999年版，第69页。

陵台地。因此，皖江地区圩田居多，洲地和岗地次之，这导致其土地利用和农业经营方向的差异。洲地以种植旱作作物如棉花为主，圩田以种植水稻为主，岗地以种植旱粮小麦、玉米等为主，作物布局具有明显的不同特点，作物的组合形式也很不同①。如此的地貌和农业布局，圩田区域的防洪减灾必不可少，堤防水利建设显得尤为重要，而对于丘陵山地来说，修筑陂塘的灌溉水利尤为迫切。根据这样的地貌和农业种植特征，王社教把皖江地区划归为沿江“防洪蓄水区”②。

皖江地区四季分明、气候温和、降水充沛、夏雨集中、梅雨显著，是典型的季风气候区。区内年平均气温在15 ℃以上，1月平均气温在1～4 ℃，7月平均气温在27～29 ℃。无霜期长，大都为220～260天。此区降水有明显的季节变化，春季降水明显增加，占年降水量的25%～35%，夏季最为集中，降水丰沛，占年降水量的35%～45%左右。年降水量均在1000 mm左右。进入夏季，由于冷暖气流交锋，导致沿江地区出现大范围的连续阴雨天气，降水时间较长，雨量较多，且常有大雨到暴雨，一般称这一时期为“梅雨季节”。一般来说，平均入梅时间在6月中旬，平均出梅时间为7月上旬到中旬。梅雨季节正是春播作物和水稻生长旺盛时期，适量的雨水对农作物生长非常有利。梅雨量的多少与梅雨期的长短，直接关系到皖江地区的旱涝灾害③。梅雨量太多，再加上沿江的湖泊水系多，易造成洪涝灾害，堤防工程就显得尤为重要。梅雨量太少，甚至“空梅”，易成旱灾，一些蓄水灌溉农田的水利工程得以发挥作用。

二、皖江地区的水资源环境

水是构成生态环境的基本要素，地下水是一种重要的地质营力，在自然环境和社会环境中，都是极为重要而活跃的因素。农业的发展与水资源

① 安徽师范大学地理系《安徽农业地理》编写组:《安徽农业地理》,安徽科学技术出版社1980年版,第12页。

② 王社教:《明代苏皖浙赣地区的水利建设》,《中国历史地理论丛》1994年第3期。

③ 关于皖江地区的气候,主要参考安徽省地方志编纂委员会《安徽省志·自然环境志》,方志出版社1999年版,第126页;安徽师范大学地理系《安徽农业地理》编写组《安徽农业地理》,安徽科技出版社1980年版,第13—14页。

的开发利用密切相关，在传统农业社会里，水资源的变迁必然影响人类的生存方式，同样，人类的农业生产活动对水资源的变迁产生重要的影响。

（一）皖江流域水资源环境

皖江地处长江下游，支流众多，湖泊星罗棋布，水资源丰富。安徽长江河势，在大别山掀斜构造影响下，河道向南迁移，因此南岸多为低山丘陵，北岸则为宽阔的平原。在平面上皖江河道的形态表现出一放一收，单一河段与分汊河段相间出现的形态。单一河段江窄水深，河床与岸坡都比较稳定；每隔一段流程，在河道转折处，便是山丘或矶头临江，或枕于河道一侧，或在两侧对峙，形成难以冲刷的节制点。在这些节制点附近，河道最窄最深，节点过后，河道展阔，沙洲罗列，形成分汊河道，河槽水浅而多变，河岸和洲岸经常发生剧烈崩坍，给护岸的长江大堤安全渡汛带来极大的隐患[①]。汛期皖江干流洪水位高于平原湖区地面高程3～4米甚至10余米，所以，一遇特大洪水皖江部分河段即呈高于两岸平原的“悬河”状态[②]。

皖江一方面给人类带来了丰富的农业资源，孕育着皖江文明，但另一方面由于河势和灾变性天气，汛期时其河岸和洲岸易坍。为保护人类生命财产，修建堤防工程就成为最古老、最基本、运用最广泛的防洪抗灾措施。鲁西奇认为：“堤防兴起的直接原因是河道不稳定及洪水泛滥而对人民的生命财产形成威胁，它是人类同自然作斗争的历史见证，堤防兴起与发展的过程充分体现了经济开发过程中地理环境与人类活动之间的复杂关系。”[③]可见，堤防一方面是人们为了抵御季节性洪水，以便保护农田和农耕区域的人类、动植物等。当然，堤防系统也是人类与自然、社会互动过程中的产物。堤防工程为皖江地区人民带来了巨大的经济效益和生态效益的同时，它也深刻改变了这一地区的水系格局和生态结构，使原与长江自然沟通的湖泊河流之生态发生了演变，人类的活动也随之在不断的调整和适应。堤防工程在农业开发过程中，虽然适应了当地的农业模式，促进了农业发展，

① 安徽省地方志编纂委员会：《安徽省志·自然环境志》，方志出版社1999年版，第169页。

② 姜加虎，窦鸿身，苏守德：《江淮中下游淡水湖群》，长江出版社2009年版，第22页。

③ 鲁西奇，潘晟：《汉水中下游河道变迁与堤防》，武汉大学出版社2004年版，第411页。

但是也对农业生产产生了消极作用。

长江安徽段水量十分丰富。根据长江大通站的资料记载，其站年平均径流总量为9 240 × 10^8 m^3，年平均流量为2.92 × 10^4 m^3/s。长江大通控制站多年平均年径流总量分别是黄河的16倍、淮河的26.3倍。但长江的水情变化也是非常显著的。长江大通站，年最大径流量为13 592 × 10^8 m^3，年最小径流量为6 969 × 10^8 m^3，两者相差1.95倍[①]。皖江地区由于水情变化大，汛期时常受梅雨、暴雨袭击，又加上来自上、中游的洪水影响，其堤防工程要经受严峻的考验，防汛任务十分艰巨。“安徽省正常年份入长江的水量为421.53亿立方米，其中汇入大通站以上为209.11亿立方米，大通以下为212.42亿立方米，对长江的补给量是很小的。”[②]

（二）皖江主要支流水系概况

皖江地区是著名的水网密集地区，支流众多，其中右岸较大的支流为黄湓河、秋浦河、漳河、青弋江、水阳江等，流域面积达30 130平方公里，约占安徽省境内长江流域总面积的45.50%。左岸有华阳河、皖河、枞阳河、裕溪河、巢湖以及滁河等，流域面积达35 900平方公里以上，约占安徽省境内长江流域总面积的54.50%[③]。

黄湓河亦名后河，跨东至、石台、贵池三县（区）境，东与秋浦河流域为邻，西与尧渡河水系接壤，北临长江。旧志载其河源为三处，“一出贵池西溪，一出建德良禾岭，一出贵池鲁祖山。绕于唐田注于石龙潭，会于沙溪为黄湓湖达江口”[④]。河道干流长102公里，流域面积为1 548平方公里[⑤]，河床质为砂卵石和沙土。

秋浦河亦名云溪河，跨祁门、石台、贵池三县（区）。东邻白洋河流域，西界黄湓河流域，南依祁门山脉，北滨长江。光绪《贵池县志》云：

① 姜加虎，窦鸿身，苏守德：《江淮中下游淡水湖群》，长江出版社2009年，第22页。

② 安徽省地方志编纂委员会：《安徽省志·自然环境志》，方志出版社1999年版，第167页。

③ 闵煜铭，曹松涛，方觉曙，等：《安徽省地理》，安徽人民出版社1991年版，第78页。

④ 光绪《贵池县志》卷四《舆地志》，江苏古籍出版社1998年版，第65页。

⑤ 安徽省地方志编纂委员会：《安徽省志·自然环境志》，方志出版社1999年版，第171页。

"今城西南八十里，长八十余里，阔三十里……又自秋浦以下池口以上名秋口浦……浦水源出恭濬河，经虎子渡泥湾至双河口与龙舒河会，又至琅山汇为玉钱潭，又十里至殷家汇，又七十里至池口入于江。"[①]唐代诗人李白曾爱其仙境，在此滞留长达三年，留下了许多瑰丽的诗篇，其中《秋浦歌十七首》最为传盛。

漳河跨南陵、芜湖、繁昌三县。东邻青弋江流域，西界荻港河水系，南依丘陵，北滨长江。全长115公里，流域面积为1 359平方公里。根据相关史料记载，西汉时，漳河名淮水，北宋时称为漳淮水，元明两代上游（南陵以上）名漳水，中游（南陵至三埠管）名淮水，下游（三埠管以下）名澛明江，清代统称漳河。其上游河道属山间溪流，河床陡峻，河面狭窄，水位变化幅度大，汛期暴雨易形成山洪，干旱季节则断流[②]。

青弋江发源于黄山黟县境内。民国《南陵县志》记载："发源黄山，会石台、太平、旌（德）、泾（县）诸水，至此河身渐广，春夏水涨波涛汹涌，故曰江。……青弋江古名清水，一名冷水，又名青弋水。"[③]其水道流经石台、太平、泾县、宣城、南陵、芜湖等县，由芜湖市区注入长江。东接水阳江流域，西部上游接九华山山脉，中下游与漳河水系为邻，南依黄山山脉，北临长江。水系呈扇形分布，主要支流有徽水、琴溪河、孤峰河、寒亭河。下游的清水河、黄池河及赵家河、青山河，为青弋江、水阳江两水系之间的通道；中游资福河、上潮河，为青弋江、漳河之间的通道。西河镇以下，进入水网圩区，与左侧的漳河、右侧的水阳江，河港交汊，很难严格划清水系。青弋江从泾县以上为上游河段，两岸山势陡峻，大雨过后易形成灾害。泾县以下至南陵为中游河段，砂卵石河床，枯水季节，沙滩外露。南陵西河镇以下为下游，沙质、淤泥质河床、河槽平直、水流平稳，两岸地势平坦、河网交织，为长江冲积平原组成部分，圩田众多。青弋江是长江下游最大的一条支流[④]。

---

① 光绪《贵池县志》卷四《舆地志》，江苏古籍出版社1998年版，第73—74页。

② 安徽省地方志编纂委员会：《安徽省志·自然环境志》，方志出版社1999年版，第173页。

③ 民国《南陵县志》卷五《舆地》，江苏古籍出版社1998年版，第70页。

④ 安徽省地方志编纂委员会：《安徽省志·自然环境志》，方志出版社1999年版，第173—174页。

水阳江发源于绩溪县和今宁国市南部山区，跨绩溪、旌德、宁国、宣州、广德、郎溪、芜湖、当涂和江苏省的高淳、溧水等。西邻青弋江水系，南依黄山、天目山脉，东界江苏的太湖流域和秦淮河水系，北滨长江。主要支流有西津河、中津河、东津河、郎川河、无量河、桐河、夏渡河、华阳河等，全长254公里，流域总面积为10 305平方公里，安徽省境内的流域面积为9 027平方公里①。

华阳河在长江北岸与江西省鄱阳湖隔江对峙，古称杨溪河、古雷江、雷水。《宿松县志》言："雷水亦曰雷池、曰大雷江、曰大雷口，今名杨溪河，西北源出湖广荆州黄梅县界。"上游主要支流有源自宿松三面尖的二郎河和凉亭河，自大别山西南坡顺流而下，串连龙感湖、大官湖、黄湖和泊湖。下游主要支流有沿江圩区的望江河、洲头河和杨湾新河，由华阳河河口汇入长江。至明代初年，华阳河与皖河下游的沿江的龙感湖、大官湖、青草湖及漳湖都是长江故道。但由于这一带长江河道变迁大，宋建隆元年（960年）后，江道南移，湖汊、洲滩逐渐淤连，以及人类的筑坝、围垦，使华阳河开始偏离长江。清道光元年（1821年）开始修筑沿江长堤，至民国时期的同马大堤，最终把长江与华阳河分隔开来②。华阳河东西狭长，北部为山丘岗地，南滨长江属冲积洲滩，中部为湖泊洼地，流域总面积为5 511平方公里，安徽省境内的流域面积为2 721平方公里③。

皖河主要在安庆境内。其发源于岳西县境内，主要支流有长河、潜水和皖水。长河与潜水在官坝头合流，然后汇合皖水，流至怀宁县石牌镇始称皖河，再通过漳河闸进入长江。流经岳西、潜山、太湖、望江、怀宁、安庆等地，河道全长227公里，流域面积6 442平方公里，正常年份年径流量53.79亿立方米，最丰水年份高达92.76亿立方米，最枯水年份仅21.90亿立方米④。属于典型的山溪性河流。皖河支流在汛期中易受江水倒灌或顶

① 安徽省地方志编纂委员会:《安徽省志·自然环境志》,方志出版社1999年版,第165页。

② 安徽省地方志编纂委员会:《安徽省志·自然环境志》,方志出版社1999年版,第177页。

③ 安徽省地方志编纂委员会:《安徽省志·自然环境志》,方志出版社1999年版,第165页。

④ 安徽省地方志编纂委员会:《安徽省志·自然环境志》,方志出版社1999年版,第178页。

托，造成洪涝灾害，也是安徽省重点防洪地区。

滁河，古称滁水，发源于江淮丘陵区，流经巢县、含山、全椒、来安等地，在江苏六合瓜埠口入江，全长269公里，流域总面积为7 676平方公里，安徽省境内的流域面积为6 586平方公里[①]。滁河水系发达，支流众多，但其下游河道浅窄，“雨潦难消”，“至各圩时被水灾”[②]。明清时两代官府屡经商议解决下游通畅问题，但由于六合等地方乡绅势力的阻挠而未果。

长江安徽段支流较多，除了上文提到的黄湓河、秋浦河、漳河等之外，还有一些其他支流，具体见表1-1。

表1-1 安徽省境内长江水系主要支流情况[③]

河流名称	岸别	河流长度/公里	流域面积/平方公里
华阳河	左	100	5 511(2 721)
皖河	左	227	6 442
枞阳河	左	100	3 960
罗昌河	左	48	812
横埠河	左	36	704
裕溪河	左	60	12 938
巢湖	左	—	9 130
姥下河	左	18	140
得胜河	左	31.4	398
石跋河	左	21	284
滁河	左	269(197)	7 676(6 586)
尧渡河	右	71	896
黄湓河	右	102	1 548
秋浦河	右	149	2 235
白洋河	右	77	591
九华河	右	54	533

① 安徽省地方志编纂委员会:《安徽省志·自然环境志》,方志出版社1999年版,第165页。

② 道光《来安县志》卷十三《艺文志》,江苏古籍出版社1998年版,第491页。

③ 安徽省地方志编纂委员会:《安徽省志·自然环境志》,方志出版社1999年版,第165页。说明:括号为安徽省境内的流域面积。

续 表

河流名称	岸别	河流长度/公里	流域面积/平方公里
大通河	右	68	1 229
顺安河	右	28	400
荻港河	右	46	584
漳河	右	115	1 359
青弋江	右	309	7 195
水阳江	右	254	10 305(9 027)

（三）皖江地区主要湖泊水系概况

皖江两岸除了众多支流水系之外，湖泊星罗棋布，镶嵌其间，共同形成皖江地区独特的水资源环境。较大的湖泊有龙感湖、黄湖、泊湖、大官湖、菜子湖、巢湖、升金湖、南漪湖等，其中巢湖面积最大。

巢湖水面面积达700余平方公里，是我国5大淡水湖之一。入湖河流主要有杭埠河、白石天河、丰乐河、派河、南淝河、柘皋河等。入湖河流呈向心状分布，河流源近流短，区内地势起伏不平，表现为山溪性河流的特性。巢湖水系分布很不对称，杭埠河、白石天河、派河、南淝河、柘皋河等河流全来自西部及北部，其中以杭埠河、白石天河、南淝河为巢湖水系的主流，约占整个巢湖流域面积的70%；南部的河流很短，水量也小，有石山河、谷盛河、兆河、十字河、高林河等河流。巢湖水系之水从南、西、北三面汇入湖内，然后在巢湖市城关出湖，经裕溪河东南流至裕溪口注入长江。《安徽概览》中写道："巢湖，周三百余里，在一局部盆地之中央，为一陷落湖。当合肥、舒城、庐江、巢县四县之间，古名焦湖。……环湖皆低下之丘陵，湖水甚浅，入湖诸小水有肥水等，皆出皖山山脉，以濡须水及运漕河注入长江。"[①]巢湖水系在沿岸形成了广阔的冲积平原，土壤肥沃，三国时就开始围垦，现已成为皖江地区主要的双季稻栽培区。但由于是盆地地形，每到特大汛期时，长江水经裕溪口会倒灌顶托湖水外排，易成水涝灾害。

菜子湖水系位于桐城、枞阳境内，湖泊总面积为226平方公里，全流域面

① 安徽省档案馆:《安徽概览》,固始县印刷厂1986年印刷,第6页。

积为3 346平方公里[①]。汇入菜子湖的河流主要有大沙河、挂车河、龙眠河、孔城河等，湖水经其下游河流长河通过枞阳闸入长江。道光《桐城县志》记载菜子湖："三四月水涨满湖，汪洋万顷。八九月水落与上下诸湖皆成平地，各现河身。"这说明该湖一年之中不同季节水位、蓄水量变化很大。

龙感湖位于鄂、皖、赣三省交界处，属华阳水系，经华阳大闸直通长江。在春秋战国时期，龙感湖与江南的鄱阳湖连成一片，称"彭蠡泽"。汉代三国时期，彭蠡泽南移与江北湖泊分离，时称"雷池"，由龙湖和感湖组成，合称龙感湖。龙感湖地区湿地类型多样，有湖泊、沼泽、滩涂、池塘、河流、港渠和稻田等自然湿地和人工湿地，东西长28公里，南北最大宽度20公里[②]。龙感湖地处长江中、下游结合部，是众多鸟类栖息、繁殖、越冬的黄金地带。

泊湖襟连太湖、宿松、望江三县，东西长33公里，南北宽15公里[③]。东至华阳、杨湾两闸口，西抵宿松西桥，南达黄浦湾，北到徐桥下桥坝。湖水与华阳河相通，其"受香山、月山、连龙，南北涝，仰泷西金口诸水达于急水镇河，入于江。水涨则沙嘴、赤上、香草、蓝家、罗家一带田俱受涝"[④]。

丹阳湖群落，在长江下游芜湖至当涂的东侧，形成初期包括现今的固城湖、石臼湖和丹阳湖，后来随着泥沙淤积和人为围垦，致使湖面缩小，古丹阳湖被分解成丹阳湖、固城湖和石臼湖三个较大湖泊和若干个小湖荡。丹阳湖是原丹阳湖的主体，"东西七十五里，南北九十里，周三百余里，为太平水利之宗"[⑤]。但由于其地势低洼，加上泥沙的淤积和人们不断围垦，湖面面积逐渐缩小，以致到今天湖面消失，全部被围垦成圩田。固城湖又名小南湖，位于安徽宣州和江苏高淳境内。由于围垦和筑堤，最终从丹阳湖群分离出来，成为独立的湖泊。石臼湖属于水阳江和青弋江的下游，为江苏溧水、高淳和安徽当涂的界湖。

---

① 安徽省地方志编纂委员会：《安徽省志·自然环境志》，方志出版社1999年版，第193页。

② 安徽省地方志编纂委员会：《安徽省志·自然环境志》，方志出版社1999年版，第188页。

③ 安徽省地方志编纂委员会：《安徽省志·自然环境志》，方志出版社1999年版，第191页。

④ 康熙《望江县志》卷二《山川》，稀见中国地方志汇刊本，中国书店2007年版，第850页。

⑤ 陶澍，邓廷桢，李振甫，等：《安徽通志·河渠志》，道光十年（1830年）刻本。

皖江地区湖泊众多，除了以上提到的湖泊外，还有大官湖、黄湖、武昌湖等。安徽省境内长江流域湖泊的具体情况见表1–2。

表1–2　安徽省境内长江流域湖泊基本情况①

名称	位置	所属河流	湖面面积/平方公里	湖底高程/米	容积/亿立方米	集水面积/平方公里	备注
龙感湖	宿松县、黄梅县(湖北)	华阳河	420（14）	10.50	9.70（14）	3 519	蓄洪区
大官湖	宿松县	华阳河	176（14）	10.50	4.84（14）	3 863	蓄洪区
黄湖	宿松县	华阳河	119（14）	10.50	3.15（14）	3 986	蓄洪区
泊湖	宿松、望江、太湖	华阳河	238（14）	9.50	6.90（14）	4 941	蓄洪区
武昌湖	望江县	皖河	136（12.50）	9.50～10	2.02（12.50）	—	—
石门湖	怀宁县	皖河	58	—	—	—	—
破罡湖	安庆市	枞阳长河	66	8.70	0.30（10）	364	—
三鸦寺湖	怀宁县	大沙河	10	10	0.40（14）	210	—
菜子湖	桐城县	枞阳长河	226	8.50	11.50（15）	3 340	—
白荡湖	枞阳县	罗昌河	51.40	8.50	1.54（11.50）	775	—
陈瑶湖	枞阳县	横埠河	18.75	7.80	0.60（11）	708	—
沙湖	枞阳县	土桥河	23.36	8	0.93（12）	390	—
竹丝湖	无为县	土桥河	17	7.40	0.30（9.50）	106	—
黄陂湖	庐江县	西河	36	8	0.76（10.50）	602	—
白湖	庐江县	西河	137（12）	—	5.97	—	已围垦
巢湖	巢湖、庐江肥东、肥西	裕溪河	784（12）	5～5.50	48.10（12）	9 130	—
七里湖	东至县	尧渡河	70	9.50	—	864	已围垦

① 安徽省地方志编纂委员会:《安徽省志·自然环境志》,方志出版社1999年版,第165页。说明:括号内数字为与该湖面面积、容积相对应的水位。

续 表

名称	位置	所属河流	湖面面积/平方公里	湖底高程/米	容积/亿立方米	集水面积/平方公里	备注
升金湖	东至、贵池	黄湓河	120（13）	9	3.10（13）	1 548	—
东南湖	贵池市	白洋河	—	—	—	—	已围垦
东湖、西湖	铜陵市	顺安河	6	—	—	118	已围垦
固城湖	宣州、高淳（江苏）	水阳江	24.30（12）	5.50	1.38（12）	454	滞洪区
石臼湖	当涂、高淳（江苏）、溧水（江苏）	水阳江	208（6.93）	—	3.50（6.93）	958	滞洪区
南漪湖	宣州、郎溪	水阳江	171.50（8）	—	2.64（8）	3 524	滞洪区

一个地区的水资源总量主要是该地区的地表水和地下水的总量。地表水资源为河川、冰川、湖泊、沼泽等水体的动态水量，江河湖泊径流量综合反映了这一动态水量，其主要补给源靠降水。由于皖江地区是亚热带季风性湿润气候，四季分明，降水主要集中在夏季，尤其是在梅雨期，因此，皖江地区地表水径流量年内分配不均。地下水主要指地下含水层的动态水量。皖江地区的地下水主要集中在一些丘陵和沿江圩区的沼泽地带。地下水的主要补给源也是靠降水，地下水经流量年内分配不均。皖江地区的水资源的年径流量季节分配的不均衡性，是导致这一地区旱涝灾害的主要原因之一，进而影响农业收成。

三、皖江地区的土壤和植被

（一）土壤类型

土壤是指覆盖于地球陆地表面，具有肥力特征的，能够生长植物的疏松表层，是植物生长的基础。土壤的性能决定了生产植物的类型。安徽省“地形复杂，成土母质类型多样，气候温和、季风明显、雨量适中、梅雨显著，表现出明显的过渡性特征，土壤类型多样”[①]，土壤类型的多样性，有利于多种作物的生产。

皖江沿江平原在地质上具有一定的相似性，其土壤的地带性一经形成具有相当的稳定性。皖江地区的地带性土壤为黄棕壤，其成土母质主要为残积、坡积物，母岩有花岗岩、片麻岩、安山岩、页岩、石英岩、砂岩等。其地带性植被为常绿、落叶阔叶混交林。但由于受到人类活动的影响，本地区形成了非地带性土壤。

皖江地区分布最广的非地带性土壤为水稻土，几乎遍及各地。水稻土是长期人为的淹水种稻、耕作、施肥等条件下形成的土壤，人们可以定向地控制土壤的形成发育，培养较高的肥力水平。根据水分在土壤内部的存在状况和运动情况，水稻土可以分为淹育水稻土、渗育水稻土、潴育水稻土、潜育水稻土、漂洗水稻土和脱潜水稻土亚类。渗育水稻土主要分布在平原中地势较高地区及丘陵缓坡地上，主要受地面季节性下渗水的影响。种稻时间短的旱改水地区也有分布，如宣城、池州、安庆、合肥、芜湖等市低丘岗陵地带。潴育水稻土分布于平原及丘陵沟谷中、下部，种稻历史长，排灌条件好，受地面灌溉水及地下水影响，皖江及其支流沿岸的冲积平原主要分布着这种类型的水稻土。潜育水稻土分布在平原洼地、丘陵河谷下部低洼积水处，地下水位高，或接近地表，安庆、芜湖等地分布最多。脱潜水稻土亚类多分布于长江及其支流沿岸圩区和岗地的冲畈部位，如芜湖、铜陵、怀宁、枞阳、太湖、宿松、无为、含山、和县、全椒等地。

皖江地区除了分布广泛的水稻土外，其沿江和支流圩区、滩地还分布着潮土。潮土是河流沉积物受地下水运动和耕作活动影响，经旱耕熟化而形成的非地带性土壤。潮土分为潮土（黄潮土）、灰潮土、脱潮土、盐化潮土、碱化潮土、湿潮土及灌淤潮土等7个亚类，皖江地区主要分布着灰潮土和湿潮土。灰潮土主要分布于皖江及其支流沿岸的河漫滩、江心洲、湖滨平原和山前平畈区的山间谷地。湿潮土所处地形大多属河流泛滥地。未垦殖的湿潮土长期生长着芦苇、菖蒲、荻草等喜湿性植物。皖江地区地势平坦、热量丰富、雨量充沛、河湖众多、灌溉方便，适宜发展耕作业，农作物可以多熟高产，是

① 安徽省地方志编纂委员会:《安徽省志·自然环境志》,方志出版社1999年版,第245页。

稻、油菜、棉花的生态适宜区。本地区的土壤，土质肥沃，符合农业的多种耕作要求，可以进行轮作和多种经营。因此，皖江地区成为安徽省高产土壤的集中分布地区。但由于地势低洼，尤其是圩区的圩田，在汛期时，高程低于江、河、湖水水面，易洪易涝，农业生产常受影响，当地人们为了保护生命财产和农业生产，经常修筑防洪性的堤防工程。

（二）皖江地区的植被

皖江地区地处安徽沿江平原地带，它介于皖西山地丘陵区、江淮丘陵区与皖南山地丘陵区之间。其主体为沿江冲积平原和谷地，湖泊众多，但整个平原区内也镶嵌着山丘和丘陵地带，尤其是皖江北岸，自宿松到和县的山丘带，绵延近300公里。

一个区域的植物类型取决于该区域的地貌特征、土壤特点以及气候类型。据此，皖江地区在地貌、土壤和气候的综合因素影响下，其植被也具有自己的独特性。由于地处亚热带，其自然植被为亚热带落叶阔叶与常绿阔叶混交林，一般分布在山丘地区。另外，山丘和沟谷中也分布有马尾松林、杉木林、毛竹林、灌丛和草地。

皖江区域江河纵横，湖泊棋布，其沼泽植被和水生植被分布普遍。沼泽植被是生长在终年潮湿或有季节性积水的土壤上的植被类型，为水生植物与陆生植物间的类型，主要有芦苇、荻、苔类、千屈菜、水龙、榆、柳、赤杨等。水生植被是指水体中各种大型水生植物群落的组合体，一般由挺水植物、浮叶植物和沉水植物群落组成，主要包括荷花、碗莲、香蒲、茭白、水葱、芦竹、水竹、菖蒲、蒲苇、黑三菱、睡莲、凤眼莲、浮萍、萍蓬草、荇菜、菱角、芡实、小浮莲、苦藻、黑藻、金鱼藻、狐尾藻、灯笼藻、眼子菜、刺藻、狸藻、美人蕉、梭鱼草、再力花、水生鸢尾、红蓼、狼尾草、蒲草等。在浅水边生长的沼泽植被与水生植被中的挺水植物的生长环境十分相近或同处相同的生长环境，分布地段上并无明显界线，在植物构成上多属共同种类。

这些植被的存在对人类和生物世界有着重大的意义。如芦苇、荻、苔类等成为人们的建筑材料和造纸的原料，尤其是芦苇和柳树类植物，对于皖江的堤防修筑和维护起着非常重要的作用。自古以来沿江人们就用芦苇和柳树作为治理江堤的重要建筑材料，因为它们根深盘结，即可以稳固塘基，其蓬勃生长的枝叶还可以资民用。南宋诗人杨万里在《圩丁词十解》中用“万雉长城倩谁守，两堤杨柳当防夫”的诗句来赞美长江两岸的护堤林。有些植物不但是优质的饲料，而且还是鱼类的饵料来源，为其他生物和水生生物提供栖息、产卵和繁殖的场所，并且有净化水体环境的重要作用。除此之外，皖江地区的农业植被所占面积较大，且以水稻为主。皖江人民根据地形筑堤束水，创造了特有的土地利用方式——圩田，在圩田上耕种水稻和其他农作物，为皖江人民的生存作出了重大贡献。

第二节　清至民国时期皖江堤防工程建设的人地关系

明末清初，由于战争和自然灾害，当时安徽的人口数量剧减，各地呈现出一片荒凉的景象。“据顺治初年编审统计，安徽原额人丁1 846 852丁，顺治初年只有1 103 176丁，减少了1/4；原额田地437 309顷，在战争中荒芜132 624顷，占原额的20%。”[①]当然，清初人口的具体统计数字是不确定的，文献中关于户口的数字也是不准确的，其人丁数字是赋税统计的需要，不代表全部人口。何炳棣在论证清代人口时就强调了这类问题，“像清初的地税额一样，清代的‘原’丁税额也是根据明末的统计数确定的。只要有可能，省和地方的官员都沿用明末的定额。在战争和迁徙后果严重的地区，则酌情削减”[②]。虽然清初的人丁数字不能代表全部的人口数量，作为定量是不可取，但作为定性研究还是有一定作用的。至于清代我国人口数量，许多学者都作了相关论证[③]。笔者非常赞同何炳棣的一些观点。他认为：“总结过去五个世纪的中国官方人口数，明太祖时期（1368—1398）、乾隆四十一年至道光三十年期间（1776—1850）和1953年人口普查的数据比较

① 光绪《安徽通志》卷七四《食货志·户口》和卷六九《食货志·田赋》，转引自王社教《清代安徽人口的增减和垦田的盈缩》，《安徽史学》1994年第1期。

② 何炳棣：《明初以降人口及其相关问题（1368—1953）》，生活·读书·新知三联书店2000年版，第38页。

③ 主要有曹树基《中国人口史·第五卷·清时期》，复旦大学出版社2001年版；王社教《清代安徽人口的增减和垦田的盈缩》，《安徽史学》1994年第1期；何炳棣《明初以降人口及其相关问题（1368—1953）》，生活·读书·新知三联书店2000年版。

有用。乾隆六年至四十年间（1741—1775）的数字尽管有很大的缺点，但还有些用处。”[①]曹树基在何炳棣的基础上论证了清代安徽各地区的人口数量，无疑对本书有重要的参考价值。笔者以这些学者的论证资料为基础，考证清代皖江地区的人口数量概况。

清初，经过战争和自然灾害，中国人口的大量缩减已得到学界一致认可。安徽的人口也是这种情况，皖江地区的人口和明朝相比急剧下降。如清初的“安庆府在战争中死去和逃走的人丁约占原额的一半”[②]。清初，统治者采取休养生息政策，实行摊丁入亩，鼓励人口增长，发展农业生产。因此，清朝人口急剧增加，尤其经过康乾盛世，中国人口迎来又一个增长浪潮。王社教认为到康熙中期，安徽各地的人口数量和垦田面积都已达到和超过明代的水平[③]，这种情况同样符合皖江地区。

但由于清初文献资料中的丁并非代表全部人口，而且地方政府少报、瞒报及隐匿等情况较多，致使这一时期皖江地区各地户口情况较复杂。清朝皖江地区的户口根据学者的修正只能大概估算出来，但作为定性研究来说，对我们了解当时的皖江人口仍有重要意义。

表1-3　乾隆四十一年(1776年)皖江地区的人口[④]

府州	人口/万	占全省比例/%
广德州	43.1	1.7
宁国府	265.6	10.3
池州府	214.5	8.3
太平府	118.1	4.6
安庆府	445.8	17.3
庐州府	284.9	11.0
滁州	48.1	1.9
和州	33.7	1.3
六安州	115.1	4.4
合计	1 568.9	60.8

① 何炳棣:《明初以降人口及其相关问题(1368—1953)》,生活·读书·新知三联书店2000年版,第113页。

② 王社教:《清代安徽人口的增减和垦田的盈缩》,《安徽史学》1994年第1期。

③ 王社教:《清代安徽人口的增减和垦田的盈缩》,《安徽史学》1994年第1期。

④ 曹树基:《中国人口史·第五卷·清时期》,复旦大学出版社2001年版,第101页。

表1-4　嘉庆二十五年（1820年）皖江地区的人口[①]

府州	人口/万	占全省比例/%
广德州	55.1	1.7
宁国府	343.3	10.7
池州府	275.5	8.6
太平府	147.9	4.6
安庆府	546.3	17.0
庐州府	354.8	11.1
滁州	60.0	1.9
和州	42.8	1.3
六安州	143.3	4.5
合计	1 969	61.4

从表1-3和表1-4可以看到，从乾隆四十一年（1776年）到嘉庆二十五年（1820年）的几十年时间，皖江地区的人口增加很明显，增加了400多万，而且整个皖江地区的人口比例在安徽省来说也在上升，从60.8%上升到61.4%。从地区分布来看，安徽人口在皖江地区尤为密集。“19世纪初，沿江和皖中地区就已出现了若干人口超过百万的大县，如1819年，桐城县人口220万，合肥县人口167万，宣城、怀宁人口也都超过百万。”[②]清代嘉庆年间皖江地区的人口密度较高，皖江地区中的宁国府、池州府、太平府、安庆府、庐州府每平方公里的人口密度均超过安徽省每平方公里的人口密度，其中庐州府每平方公里高达500多人，太平府和安庆府每平方公里有400多人，具体见表1-5。

表1-5　嘉庆二十五年（1820年）皖江地区人口密度[③]

府州	人口/万	面积/平方公里	人口密度/（人·公里$^{-2}$）
广德州	55.1	3 300	166.97

① 曹树基：《中国人口史·第五卷·清时期》，复旦大学出版社2001年版，第101页。

② 郭万清，朱玉龙：《皖江开发史》，黄山书社2001年版，第78页。

③ 说明：表格中人口数字来源于曹树基《中国人口史·第五卷·清时期》，复旦大学出版社2001年版，第101页；面积数字来源于梁方仲《中国历代户口、田地、田赋统计》，中华书局1988年版，第377页；人口数字除以面积数字得出人口密度数，保留小数点后两位数，按“四舍五入”法取近似值。

续 表

府州	人口/万	面积/平方公里	人口密度/(人·公里$^{-2}$)
宁国府	343.3	10 500	326.95
池州府	275.5	8 700	316.67
太平府	147.9	3 600	410.83
安庆府	546.3	13 500	404.67
庐州府	354.8	6 300	563.17
滁州	60.0	3 900	153.85
和州	42.8	2 400	178.33
六安州	143.3	6 000	238.83

根据曹树基《中国人口史·第五卷·清时期》和梁方仲《中国历代户口、田地、田赋统计》记载，当时安徽省人口为3 206.80万，全省面积为102 000平方公里，人口密度为314.39人/平方公里。从表1–5中可以看出，皖江地区除了广德州、滁州、和州、六安州外，其他地方人口密度都高于全省。人口的增长迫使人们加大对田地的垦殖力度，另外，政府通过一些政策鼓励人们开垦田地，以缓和人地矛盾。如安徽省就规定“凡民间开垦山头地脚，奇零不成邱段之水田不及一亩，旱田不成二亩者，概免其升科”[①]。这一宽免限度一直到道光时期都未予以变更。因此，到清代时，以前未垦辟的江滩湖洲、穷乡僻壤都被开垦完毕，就连一些不宜农耕的沙洲地带也被垦辟。“河湖地带，堤垸如鳞。甚至直接关系农田水利的陂塘之类，也被填平围垦。”[②]这种与水争地、垦山为地的现象与清代人口膨胀极度相关。张建民认为：“正是人口急剧膨胀的压力，成为推动农业垦殖扩张的动力”[③]。所以，王社教才认为到康熙中期，安徽各地的垦田面积都已达到和超过明代的水平。皖江地区同样如此，这里的圩田开发虽开始于三国，兴于宋，但真正鼎盛时期是在明清时期。特别是在清代，人口压力迫使政府鼓励人们开垦荒无人烟的湖洲滩地。皖江地区特殊的水环境，致使当地人们与水争地的现象非常明显。一些没有垦辟的沙洲、草场、沼泽、芦荡都是围垦的目标，甚至一些关系江水泄洪的河湖也被开垦。这种不顾后果的围垦，虽然增加了田地面积，一定程度上缓解了

① 《清朝文献通考》卷四《田赋考四》。

② 张建民:《明清农业垦殖论略》,《中国农史》1990年第4期。

③ 张建民:《明清农业垦殖论略》,《中国农史》1990年第4期。

人口增长带来的粮食压力，但同时造成的生态压力也是非常巨大的。至于其生态的影响，本书后面有关章节将会述及。正是由于清代安徽沿江圩田的围垦，皖江地区的堤防水利系统逐渐形成，它是皖江地区人们与自然、社会共处关系的历史见证。

清代中期，安徽土地开垦扩大了耕地面积，但是与人口的膨胀数量相比，仍然微不足道，人均耕地就全国来说仍然很低。梁方仲在《中国历代户口、田地、田赋统计》里专门列出《嘉庆十七年各直省人口、田地及其平均数》[①]表格，在表格中，安徽人均亩数为1.21亩，是除了贵州、福建外，全国最低的。而皖江地区人口又是最为密集的，其人均田地比其他府州低。嘉庆二十五年（1820年），安徽省人均亩数为1.04亩，而皖江地区有5个府州都未达到安徽省的平均值，其中池州府、安庆府相对更低，分别为0.26亩和0.39亩（见表1-6）。可见嘉庆时期，安徽的人地矛盾相对突出，而人口集中的皖江地区则更为紧张。

表1-6　嘉庆二十五年(1820年)皖江地区人口、田地及人均亩数[②]

府州	人口/万	田地/亩	人均亩数/亩
广德州	55.1	1 031 406	1.87
宁国府	343.3	2 779 747	0.81
池州府	275.5	713 493	0.26
太平府	147.9	1 460 807	0.99
安庆府	546.3	2 151 721	0.39
庐州府	354.8	6 647 807	1.87
滁州	60.0	583 244	0.97
和州	42.8	484 001	1.13
六安州	143.3	1 663 573	1.16

太平天国战争导致安徽人口剧减，土地荒芜，其人口数量和垦田面积再次下降，这在一定程度上对相对紧张的人地矛盾起到缓解作用。全省许多地

① 梁方仲:《中国历代户口、田地、田赋统计》,中华书局1988年版,第554页。

② 此表中的人口数字来源于曹树基《中国人口史·第五卷·清时期》,复旦大学出版社2001年版,第101页;田地数字来源于梁方仲《中国历代户口、田地、田赋统计》,中华书局1988版,第556—557页;田地数字除以人口数字得出人均亩数,保留小数点后两位数,按"四舍五入"法取近似值。

方“终日不过行人，百里不见炊烟”[①]，“环视数百里内，蒿莱弥望，炊烟几绝”[②]。战争结束后，安徽损失的人口具体是多少，并无资料可查证。林齐模认为，即使不考虑战争期间自然出生的人口，安徽也损失了23 694 642人，占战前安徽总人口的62.9%[③]。王社教也认为：“战争以后，安徽的人口至少比战前少三分之二以上，也就是说，1864年战争结束时，安徽人口只有1 250万人左右。”[④]那么安徽省在清后期的人口数量到底是多少呢？许多学者都进行了修正，其中曹树基先生在《清代中期至1953年中国分省人口》表中列出安徽省在1851年、1880年、1910年和1953年的人口分别为3 738.60万、2 139.20万、2 519.70万和3 058.80万[⑤]。从这个数字可以看出，太平天国战争后，到1953年，安徽的人口都未恢复到清代中期水平。同样，皖江地区的人口也受到战争的严重影响，其人口急剧减少。宁国县“清咸丰兵燹后土民存者不足百分之一”[⑥]。从表1–7可以看出，太平天国战争后，人口虽然缓慢增长，但其速度远未达到清代中期的水平，皖江地区的人口一直到1953年都未能达到清代中期的数量。“安徽人口到1912年时才达到1600多万”[⑦]。

表1–7　清代中期至1953年皖江地区人口数[⑧]

（单位：万）

府州 \ 人口 \ 年份	1820年	1851年	1880年	1910年	1953年
广德州	55.1	64.3	7.9	27.9	40.5
宁国府	343.3	400.0	85.3	105.2	142.0
池州府	275.5	322.0	50.5	72.9	97.2
太平府	147.9	173.0	54.2	86.0	115.9
安庆府	546.3	640.0	281.7	284.9	311.8

① 曾国藩：《曾文正公全集》，《奏稿》卷二十一，中国书店出版社2011年版，第77页。

② 李文治：《中国近代农业史资料》（第一辑），生活·读书·新知三联书店1957年版，第161页。

③ 林齐模：《旧制度的危机——太平天国战争对安徽田赋征收的影响》，《安徽史学》2002年第3期。

④ 王社教：《清代安徽人口的增减和垦田的盈缩》，《安徽史学》1994年第1期。

⑤ 曹树基：《中国人口史·第五卷·清时期》，复旦大学出版社2001年版，第703页。

⑥ 民国《宁国县志》卷四《政治下》，江苏古籍出版社1998年版，第119页。

⑦ 王社教：《清代安徽人口的增减和垦田的盈缩》，《安徽史学》1994年第1期。

⑧ 曹树基：《中国人口史·第五卷·清时期》，复旦大学出版社2001年版，第691页。

续 表

府州＼人口＼年份	1820年	1851年	1880年	1910年	1953年
庐州府	354.8	416.5	347.2	362.2	439.3
滁州	60.0	70.4	30.8	48.6	62.8
和州	42.8	50.2	55.1	60.7	69.6
六安州	143.3	168.2	111.3	129.7	157.3
合计	1 969.0	2 304.6	1 024.0	1 178.1	1 436.4

太平天国战争使皖江地区的人口减少，对于田地也是一样，田地荒废的现象很严重。人口是开垦田地的重要人力资源，人口的减少使田地荒废的现象增多，许多抛荒的土地急需客民开垦。清代后期，安徽田地抛荒情况很严重，抛荒地比重仍然占15%以上（见表1–8）。皖江地区的土地抛荒情况同样很严重，如据光绪《广德州志》记载，广德州到光绪五年（1879年）时，还有荒地172 785亩，占该州原额田地的27.40%，比同时期安徽省的田地抛荒比例都高。据宣统《建德县志》记载，建德一直到1896年还有荒地11 413亩，占该县的原额田地的15%。王社教认为，到“1864年安徽垦田面积不会超过6 900万市亩”[①]。

表1–8　清代后期安徽省土地抛荒情况的统计[②]

年份	1880年	1887年	1888—1894年平均	1896年
荒地数/亩	803 500	8 274 363	6 636 363	6 000 000以上
占原额田地比例	21%	21.70%	17.40%	15.70%

人口的减少，田地的荒芜，对农业生产极其不利。统治者为了促进安徽农业生产的发展，采取了一些针对性的政策措施。同治五年（1866年），清政府在遭破坏最严重的州县设劝农局，专办开垦荒田事件，促进农业生产的恢复。当时皖江地区主要有宣城、南陵、泾县、旌德、太平、绩溪、青阳、建德等。“但是，由于清末朝纲松弛，吏治腐败，农业生产的恢复进程非常缓慢，许多州县直到光绪末年垦田数目都还没有恢复到战前水平，

① 王社教:《清代安徽人口的增减和垦田的盈缩》,《安徽史学》1994年第1期。

② 林齐模:《旧制度的危机——太平天国战争对安徽田赋征收的影响》,《安徽史学》2002年第3期。

如石埭县到光绪二十六年（1900年）时，未垦之地尚有十分之四，全椒县到民国初年才‘始稍复旧观’。”①

民国时期，虽然也进行了全省的人口普查，但由于时局动荡，人口统计资料不全，统计的数字不可信。但可喜的是有学者根据已有资料对其进行了修正②，这些修正的结果对我们了解民国时期安徽人口有很大帮助，具体见表1-9。

表1-9　民国时期安徽地区人口统计③

年份	人口/人	户均口数/口
1916年	20 517 496	5.99
1928年	21 715 396	5.67
1931年	21 600 187	5.70
1936年	23 265 368	6.57
1946年	21 842 039	6.37
1947年	21 705 256	6.36
1948年	22 462 217	6.25

民国时期，安徽人口处于低速恢复阶段，当时安徽人口分布，最大特点是分布不均、人口密度不一。安徽全省面积14.20万平方公里，据民国二十三年（1934年）调查，全省总人口为2 230万，全省平均密度，每平方公里157人。省内最密者每平方公里达300人以上，如沿江各县人口最密之区④。可见，在民国时期，就安徽全省来说，皖江地区的人口密度仍然处在较高阶段。据立法院统计处的调查，民国二十三年（1934年），全省田地亩数为4 900万亩，以全省人口平均计算，每人约得2.20亩。芜湖以全县人口平均计算，每人则不足1亩⑤。说明皖江地区的人地矛盾在民国时期还是相对紧张的，这也加大了人们对荒地的垦殖力度。

① 王社教:《清代安徽人口的增减和垦田的盈缩》,《安徽史学》1994年第1期。

② 侯杨方:《中国人口史·第六卷(1910—1953)》,复旦大学出版社2001版,第165—166页。

③ 侯杨方:《中国人口史·第六卷(1910—1953)》,复旦大学出版社2001版,第165页。

④ 胡焕庸:《安徽省之人口密度与农产区域》,《地理学报》第二卷第一期,第54页。

⑤ 胡焕庸:《安徽省之人口密度与农产区域》,《地理学报》第二卷第一期,第57页。

第二章　清至民国时期皖江堤防的修筑历程与技术

安徽境内有淮河、长江、新安江三大水系，大小河流三百多条横贯其间，自古以来就是水利大省，水利史研究成果非常丰富。其中关于淮河水利史问题的研究论著最多，关于长江治理和长江堤防史的研究也受到不少学者关注，但相对薄弱，尤其是关于历史时期安徽长江堤防修筑和维护等方面的探讨不够具体和深入①。皖江堤防建设是与皖江农业发展进程相适应的，它对农业生产具有重要的水利保障效益，因此研究皖江江堤的修筑具有重要的意义。皖江地区主体部分为狭长的沿江平原带，地处安徽长江干流两岸，湖泊众多。这里地势平坦，土壤肥沃，水资源丰富，但由于其外受长江洪水的威胁，内受支流及湖泊之水的浸淹，要发展农业生产，必须筑堤作围，才能垦拓成田。清至民国时期，为保障圩田的生产安全，在堤防建设过程中皖江地区民众不断总结经验和技术，使皖江地带的堤防工程技术取得一定的进步。

第一节　清至民国时期皖江堤防的修筑历程

一、清以前皖江堤防史概述

皖江江堤的形成，主要是伴随沿江滩地的围垦开发而形成的，它是以

① 涉及安徽长江江堤的文章主要有：徐建平《民国时期鄂皖赣三省沿江边界调整与江堤维护》（《史林》2009年第4期），汪志国《近代安徽水利事业述论》（《安徽史学》2010年第4期），孙语圣《民国时期安徽的水利建设》（《民国档案》2002年第4期），赵崔莉等《清朝无为江堤屡次内迁与长江流域人地关系考察》（《古今农业》2004年第4期），杭宏秋《简论安徽沿江圩埠的历史演变》（《中国农史》1988年第4期）等。

濒江圩堤为体，形成堤防。皖江地区的沿江田地围垦最早可以追溯到三国时期。当时曹魏和孙吴在江淮地区对峙，为了解决军粮问题，他们都非常重视屯田建设，兴修水利工程，发展农业生产。曹魏时，刘馥作为扬州刺史“广屯田，兴治七门堰”，“七门堰在庐江县南一百一十里，刘馥为扬州刺史修筑，断龙舒水，灌田千五百顷”[①]。建安年间，曹操命庐江太守驻皖城（今安徽潜山县城）屯田，将原潜水堰进行扩建，以利灌溉、发展生产。建安十九年（214年），吴将吕蒙占领皖城后，很快就将潜水堰改名为吴塘。孙吴占据安徽沿江一带，为济军用，大力兴修水利，围垦沿江滩地。在望江县，著名的西圩就创建于此时。西圩“周三十余里，岸三千九百七十余丈，基阔十丈，高二丈，包涵西湖、小陂、后湖，为田三万七千余亩，……三国吴时遣屯皖口，得谷数万斛，疑即此圩经始也”[②]。现今含山县的最古老的水利工程铜城闸，根据崔思棣《铜城闸与和州圩田》中的论述，就是创建于三国吴赤乌年间[③]。此闸“遇旱则积，遇涝则启，遂有膏腴”[④]。巢湖“吴诸葛恪筑堤遏湖，置重兵屯守，而委输灌注，藉以润田产，其利不尽殚述”[⑤]。随着屯田的开发，三国时“江淮地区北到寿县，南到望江，东到含山、和县，西到霍邱这样一个广大地域，已初步形成了水利网”[⑥]。

皖江沿江滩地的开垦，真正大兴于宋明时期。到宋朝时，随着经济重心南移，农业工具技术的进步，人口的增多，无疑加剧了沿江滩地的进一步围垦开发，皖江沿江圩田开始得到大力发展，其堤防水利工程也明显增多。宋代皖江的圩田开发，引起了不少学者关注。张芳在其著作《中国古代灌溉工程技术史》中对此有过较全面的论述。他认为当时太平州（辖当涂、芜湖、繁昌）、宁国府等地的圩田得到大力发展，圩田工程技术得到提高。当时除了修复旧有的圩田外，还增筑了不少新圩，如芜湖的易泰圩、

① 光绪《续修庐州府志》(一)卷十三《水利志》,江苏古籍出版社1998年版,第169页。

② 乾隆《望江县志》卷二《地理》,江苏古籍出版社1998年版,第330页。

③ 崔思棣:《铜城闸与和州圩田》,《安徽大学学报(哲学社会科学版)》1995年第2期。

④ 张芳:《中国古代灌溉工程技术史》,山西教育出版社2009年版,第196页。

⑤ 陈恩虎:《明清时期巢湖流域农业发展研究》,南京农业大学2009年博士学位论文,第141页。

⑥ 崔思棣:《江淮地区古水利工程与农田开发》,《安徽大学学报(哲学社会科学版)》1993年第3期。

陶辛圩、政和圩、广济圩等，宣州的化城圩、惠民圩等。到乾道时，宣城已有圩179所，太平州共筑圩455所，其中芜湖县圩岸已达到290余里。到南宋末总计江东圩田至少在300万亩以上。宋代诗人杨万里看到这样情景，曾发出“上通建德下当涂，千里江湖缭一圩”的感慨。据《宋史·食货志》《宋会要辑稿》等文献记载，北宋时，庐江、合肥、无为、历阳、怀宁、枞阳等地均有圩田分布，数量以百计。南宋时，水利工程技术一大创举就是联圩的出现。联圩就是通过筑长堤，将众多小圩联并起来，以达“塞支强干”和防洪保收之效。绍兴二十三年（1153年），“宣州水泛滥至境，县诸圩尽没”，地方官吏据实上报，朝廷准予联圩，以致出现“太平州……庭福等五十四圩周一百五十余里，包围诸圩在内”[①]的情况。进行联圩的还有当涂的广济圩，圩堤长93余里，“其圩与私圩五十余所并在一处，坐落青山前，各系低狭，埂外面有大埂埠一条，包套逐圩在内，抵障湖水”，“只修外面大埂，不惟数倍省工，委是可以抵障水势”[②]。这种联圩并圩的方式，使防洪堤线缩短，可以集中力量修堤和防汛，是明清时期沿江圈堤并圩的雏形。“天门中断楚江开”的梁山洲，在隋唐时就与江滩连为一体并开垦，宋代时堤防完备，今为芜（湖）当（涂）江堤[③]。我们现如今的江堤堤防工程就是在圈堤联圩以防洪蓄水的基础上逐步形成的。

明朝刚建立时，为了稳定社会秩序，巩固王朝统治，统治者采取鼓励垦荒、劝课农桑、兴修水利等重农措施。另外，由于皖江地区的人口增长迅速，人多地少矛盾日益突出，这也促使人们争相在沿江湖滩垦殖田地，出现了与水争地的浪潮。这次围垦活动更加向濒江地带深入，一些沙洲和沼泽地也被人们垦殖成良田。与以前相比，明代皖江圩田数量更多、范围更广，在沿江边缘形成了大量的圩口。如“合肥宋代只有圩田36所，明代增至约50所。和州由宋代的数所圩，明前期发展到70余所，明后期又增至143所。……和州除围垦湖田外，还筑圩开垦滨江水滩荒地，如所属含山县明代建杨林大圩，堤长63 400丈，有田13.30万亩。”[④]

---

① 庄华峰，王建民：《安徽古代沿江圩田开发及其对生态环境的影响》，《安徽大学学报（哲学社会科学版）》2004年第2期。

② 刘琳，刁忠民等：《宋会要辑稿》，上海古籍出版社2014年版，第7521—7522页。

③ 杭宏秋：《皖江洲渚圩田的历史与现状》，《古今农业》2002年第1期。

④ 张芳：《中国古代灌溉工程技术史》，山西教育出版社2009年版，第392页。

皖江北岸段，因沿江多为地势低洼的平原，河网密布，土质疏松，圩田纵横，所以其相对多山地、丘陵的南岸来说更为重要。明代时，这一段堤防建设主要集中在无为、和县、安庆一带。

无为的圩田开垦较早，三国时孙吴就已开垦屯田，到了明朝时，由于沿江一些漫滩逐渐淤积而成，沿江滩地成为重点围垦对象。明初无为江边的大部分成陆的滩地基本完成了圩口圈筑，江边滩地易遭受江水的威胁，为此，明朝时无为大兴堤防水利建设。明代，无为江坝都是由零星的、分散的圩岸组成的，互不连贯。到了清代，随着巢湖流域沿江滩地的圈圩垦殖的基本完成，人们在与江水不断斗争的过程中，开始圈堤并圩，把这些滨江圩岸联并在一起，成了沿江长堤，提高了抗洪效率。“江滨浮涨，日就垦辟，遂于沿江二百余里筑长堤，以捍御江潮。”①明永乐三年（1405年），无为在裕溪河下游河道修筑了周兴等乡沿江圩岸②。明代文献记载最早的无为江坝为走马滩坝，它“距城五十里，向滨河水势奔溃。明正统间，州守王仕锡劝民筑堤三百丈，行者便之”③。明正德年间，在无为州江岸的上段筑成胥家坝，“原隶内地，后经冲坍，距北岸已隔夹江数道，今从古家碾南望江面二十余里，有旧坝遗址”④。在此期间，又筑周思沟坝，目的是为了防止江洪倒灌，封堵无为西河上游通江支流周思沟入江口。明嘉靖年间，无为州知州郑惇典于鳍鱼口屯台筑长堤十数里，称为郑公坝。明万历九年（1581年），在栅港镇修筑神塘堤，此堤“距城东二十里，明万历九年掌州事查志文申抚牒，州同知祝教令、巡检王崇义董役建筑，即滩为圩，以防水患，长一千八百五十八丈，高二丈，阔二丈二尺”，堤内为神塘圩“开垦播种，悉成膏腴”⑤。在栅港口的长江下游一带筑成临江坝、余家坝和长坝，此三坝是以宋代靠岸成陆的三垄洲、复凝洲、金带洲为外滩地筑堤圈圩而形成的江坝。临江坝“距城东三十里，向为扼要之堤，今江水远徙，筑工稍缓”⑥。余家坝和长坝都在铜城乡，分别距城三十五里和四十里。明

① 嘉庆《无为州志》卷二十六《艺文志》，江苏古籍出版社1998年版，第320页。
② 安徽省地方志编纂委员会：《安徽省志·水利志》，方志出版社1999年版，第157页。
③ 嘉庆《无为州志》卷六《水利志》，江苏古籍出版社1998年版，第82页。
④ 嘉庆《无为州志》卷六《水利志》，江苏古籍出版社1998年版，第78页。
⑤ 嘉庆《无为州志》卷六《水利志》，江苏古籍出版社1998年版，第81页。
⑥ 嘉庆《无为州志》卷六《水利志》，江苏古籍出版社1998年版，第81页。

万历十六年（1588年），夏雨江涨，水势汹涌，州守陈应龙因郑坝将坍而修建的第一道退建堤，称为一坝。明万历四十一年（1613年）时，无为大水，一坝将坍，知州孙慈起夫兴筑二坝，此坝“自青山圩至韩官圩，计五千七百余丈，今坍入江”。明万历四十五年（1617年），二坝又将要崩坍，于是知州陈鸣熙筑三坝，三坝“自青岗寺至和尚圩，计五千二百余丈”[①]。

到明代中后期，在长江左岸今无为大堤的岸段上，圈筑的江坝大致有四大段。第一段为新安桥江坝，属丘陵地段，位于当时古南乡练塘圩的东南端，堤身上建有新安大石斗门。第二段是以胥家坝、鳍鱼口坝为主的一段江坝，位于古南乡和古襄安乡的江边。其堤线大致自青岗寺沿当时已萎缩的胡家沟古河道左侧，在今青山圩以东横穿今铜陵市义安区的章家洲，在今章家洲中的朱家墩村、胥坝镇至今无为市高沟镇的刘公庙一线。第三段是由神塘堤、临江坝、余家坝、长坝等圩坝构成的堤段。第四段为和州南部的频江堤坝。该段江坝上承裕溪河左岸圩堤，下接西梁山一带岗地。明代，在今无为大堤所在的长江岸段上，缘江即滩为圩的地段仍是局部的，当时无为的南部和东部还有大面积的低洼薮泽地没有筑圩垦殖，无为江堤尚处于它的形成过程的早期阶段[②]。

明代时，属于桐城县的枞阳江堤并未形成，但是沿江滩地逐渐被开垦成圩田。明初，沿江居民在沿江沙滩上陆续修筑永镇圩、枞阳防洪堤和高黄、瓜墩、大成圩堤等。明永乐年间，围筑了永丰圩（今扫帚沟）。明嘉靖四十二年（1563年），陈于阶任桐城知县，见“陈家洲沃衍滨大江”，毅然曰：“此可障而耕之，筑堤成田，岁可获万余谷”[③]，这是较早的滨江圩堤——陈家洲堤，是枞阳江堤早期雏形。明万历二十七年（1599年），沿江人们继续扩大永丰圩面积，改名永赖圩。明代整个枞阳江堤虽然并未形成，但枞阳沿江上自永镇坝，下至陈家洲，以圩为体，形成了规模较小、堤身矮小单薄的堤防，以抵御江水。

和县江堤始于明洪武元年（1368年）修和州铜城闸堰。因元末战争的

① 嘉庆《无为州志》卷六《水利志》，江苏古籍出版社1998年版，第78页。

② 李卫华：《无为大堤志》，九州出版社2005年版，第47—49页。

③ 康熙《桐城县志》卷三《名宦》，江苏古籍出版社1998年版，第107页。

影响，铜城闸“闸毁而堰崩，向之沃土皆化为荒秽之区”[①]。于是在和州州守李相的主持下重新建闸修堰，将以往的木结构闸，“始易以石”，修建成石闸，计用工89 890日，并筑堰埂30余里，内抱72圩，田30余万亩[②]。明永乐元年（1403年），“修筑和州保大等圩120余里，至清光绪三十四年（1908年）始将滨江数十个小圩联合圈成一个大圩，名为保大圩”[③]。和州属含山县开垦滨江水滩荒地，建杨林大圩，堤长63 400丈。

皖江南岸多山地、丘陵，在沿江岸边石矶头较多，相对于北岸来说，岸堤相对坚固。同样，皖江南岸圩田开发也较早，明代时依靠滨江圩堤抵御江水，保障圩田。铜陵知县在明万历四十一年（1613年）筑成百家墩至胭脂夹的江堤，长80余里，用以保障仁丰诸圩。明万历九年（1581年）南陵县筑成下林都圩堤[④]。由于“贵池濒江，田亩圩岸缺如，十年九溢，若陂而障之，庶几石田悉化为沃壤”[⑤]，明代时，其沿江圩田堤防的修建得到重视，时筑千柳堤，“数月堤竣，屹然于大江之滨”，明正德十一年（1516年）贵池县知府何绍正筑何公堤，“在城西新河口，长四十丈，高三丈，以障江水”[⑥]。

由于皖江滨江滩地，地势低下，湖沼众多，星罗棋布，每当春夏梅雨来临之际，江潮泛溢时，群圩岌岌可危，而圩堤的牢固与否关系着圩田安危。这种特殊的地貌和气候状况，决定了那些沿江地带的圩田不得不经受江水倒灌和洪涝灾害的考验。为抵抗洪水灾害，圩区的治理需要与江堤建设紧密结合起来。当然，由于沿江滩地并未围垦完毕，整个明代的江坝建设还是零星、不完整的，但是，这些圩堤成了后期江堤堤防工程的最初形态，今天许多江堤还留有明代滨江堤坝的历史遗迹。

---

① 张崇望:《中国灾害志·断代卷·明代卷》,中国社会出版社2019年版,第328页。
② 张芳:《中国古代灌溉工程技术史》,山西教育出版社2009年版,第382页。
③ 安徽省地方志编纂委员会:《安徽省志·总序》,方志出版社1998年版,第260页。
④ 杭宏秋:《简论安徽沿江圩埠的历史演变》,《中国农史》1988年第4期。
⑤ 光绪《贵池县志》卷五《舆地志》,江苏古籍出版社1998年版,第87页。
⑥ 光绪《贵池县志》卷五《舆地志》,江苏古籍出版社1998年版,第85页。

二、皖江江堤的江防地位及其面临的挑战

（一）皖江江堤的重要保障作用

皖江堤防主要是为保障皖江地区农业生产而出现的。皖江地区的沿江田地围垦开发历史悠久，“大致滥觞于三国之际，迅速发展于宋，全盛于明清”[①]。皖江特殊的地理环境，使沿江地带圩田处在洪水淹没危险中，沿江民众不得不加高坚固圩堤以抵挡江水。皖江江堤就是伴随圈堤筑圩一步步形成和发展的。清代，由于人口急剧增长以及政府积极鼓励人们开垦，进一步促使人们争相在沿江湖滩垦殖田地，出现与水争地局面，人地矛盾更为突出。这时围垦活动更加向沿江地带深入，一些沙洲和沼泽地也被人们垦殖成良田。明末清初，无为境内较高的沿江滩地大多已被围垦，“州之四境，圩居强半”，无为沿江圩口数量增多。自明嘉靖七年（1528年）至清乾隆八年（1743年）中，尽管不断联圩并圩，但圩口数量仍从118个增加到435个。清代中叶，无为沿江宽达20公里左右的河漫滩已基本得到围垦开发[②]。安庆府、池州府、太平府等地的沿江圩口明清时期也得到大力开发，特别是在清代，皖南的圩田开发力度加大。梁诸英、衣保中认为，清代皖南圩田的扩展主要有三种形式，即湖泊沼滩或浅水面的围垦、江河州滩的围垦和对原有田地加筑圩堤以防水患而形成的新圩[③]。民国时期，除了农民开垦田地外，皖江地区的一些资本家和地主也纷纷组建垦务公司，投资垦殖。贵池县自民国七年（1918年）到民国十二年（1923年），由士绅钱翰臣等人集资在秋浦河下游湖滩地带，筑成万生、万成、万宝三圩，计河堤长22.80公里，湖堤长15.68公里，保护面积3.15万亩，招佃垦殖。民国十二年（1923年），士绅胡萃九、王静甫自贵池梅根镇至铜陵大通，利用沿江滩涂

① 庄华峰:《安徽古代沿江圩田开发及其对生态环境的影响》,《安徽大学学报(哲学社会科学版)》,2004年第2期。

② 李卫华:《无为大堤志》,九州出版社2005年版,第46—47页。

③ 梁诸英,衣保中:《清代皖南平原圩田发展考略》,《农业考古》2008年第1期。

圈成“大同圩”，垦田3.70万亩[①]。繁昌县的“景卫洲宽二十五里，长三十里，今有桐城绅士徐海秋自备万金，会同业主姚姓，具禀抚辕，呈请开垦，改种稻麦”[②]。

皖江地区沿江地带由于地势低平，每当梅雨来临，河水暴涨，江潮泛溢，濒临长江的圩田往往有江水倒灌的危险，群圩岌岌可危，皖江沿岸江坝开始不断修筑。到了清代，逐渐形成了沿江长堤。民国时期，地方政府为保障圩田，还投资或组织堤工委员会集资，修建圩堤和涵闸斗门，促进了无为、同马、枞阳等江堤的进一步闭合和江南秋江大圩联并，使沿江堤防进一步成圈。江坝的修筑对沿江的圩田具有重要的保障作用。如安徽无为濒临长江，其西北多山，东南一望平坦，为长江冲积平原，这种地势对于圩田开发及其农业发展十分有利。但是无为沿江圩田的安危全靠无为一线江堤提供保障，且作为巢湖流域的防洪屏障，无为江堤的修防还关系着沿江数邑之安全，因此，无为州历来是江防重地。乾隆时无为知州范从彻就指出：“无为素称泽国，南临大江，惟赖一线长堤抵御江水，堤决江漫，不独无为一郡尽为波臣，而邻属均成渊薮，所以志称为和、含、庐、巢之咽喉也。”[③]至今，巢湖流域“受无为江堤保护的面积为4 520平方公里，其范围包括安徽省省会合肥市及巢湖市、无为、庐江、含山、和县、肥东、肥西、舒城等九个市、县。无为大堤不仅在农业上保护着这九个市、县的427.30万亩农田，而且关系到流域内的工业、国防、交通运输等重要设施及人民生命财产的安全”[④]。可见，无为江堤堤防地位的重要性。皖江两岸“干堤长764公里，与之成圈堤长230公里，还有内湖支堤长7 118公里，总保护面积800万亩。其中无为、同马、枞阳、芜当、广济、马鞍山等六个大型圈堤保护耕地692.90万亩，也守护着安庆、芜湖、马鞍山等重要城市的安全，具有举足轻重的地位”[⑤]，所以，皖江江堤的形成对皖江地区的工农

① 谈家胜，俞发明：《近代以来安徽池州圩田的兴建及其成因初探》，《池州学院学报》2008年第1期。

②《实业：各省农桑汇志》，《东方杂志》1906年第3卷第10期。

③ 嘉庆《无为州志》卷五《水利志》，江苏古籍出版社1998年版，第72页。

④ 李卫华：《无为大堤志》，九州出版社2005年版，第1页。笔者注：现今的巢湖市为县级市，属于合肥市管辖。

⑤ 杭宏秋：《简论安徽沿江圩埠的历史演变》，《中国农史》1988年第4期。

业和交通安全起着重要的保障作用。

（二）皖江江堤面临的挑战

1.洪水灾害加剧，水灾率次增多

皖江地区属于亚热带季风性湿润气候，降水有明显的季节变化，春季降水明显增加，夏季由于冷暖气流交锋，沿江地区出现大范围的连续阴雨天气，降水时间较长，雨量较多，常有大雨到暴雨。所以每到夏季，皖江地区易遭大面积的洪涝灾害。

皖江地区支流众多，河流湖泊星罗棋布，水资源丰富。汛期来临时，皖江流域经常出现江水、湖水、河水同时溢涨的情况，水量集中，支流无法排水入江，常常导致洪涝灾害，这是皖江地区发生内涝和洪水灾害的重要原因之一。随着人口增加，沿江围湖造田面积不断扩大，沿江丘陵大规模地开发，导致长江河道淤塞、水位抬高以及江沙淤积速度加快。人类不断围垦沿江滩地，实际上也就在不断地侵夺可蓄水的沼泽地、湖泊甚至河道，大大削弱了整个系统的蓄水量和排泄能力，这是该地区易发生洪涝灾害的另一原因。洪涝灾害导致大量田地淹没，人们仅有的农业收成被毁于一旦，生命财产也无法得到保障。因此，人们为了保护农业生产和生命财产，所建堤防成为重要的水利保障。

表2-1　清代皖江流域水旱灾害[①]

（单位：次）

州府	水灾次数	旱灾次数
宁国府	76	48
太平府	59	29
池州府	90	48
安庆府	107	47
庐州府	83	67
和州、滁州	49	57
六安、寿州	87	48

① 赵崔莉:《清代皖江圩区社会经济透视》,安徽人民出版社2006年版,第61页。

从表2-1可以看出，皖江流域水旱灾害频繁发生，其中水灾相对更为频繁。如无为州水灾的频繁程度，康熙二年（1663年）“癸卯，九月大水，坝破……九年庚戌，大水，圩田尽没……五十五年丙申，五月江潮大涨，旧坝破，园竹多花槁死”。雍正四年（1726年）“八月积雨，江涨破圩，漂没庐舍，五年丁未，五月至七月前后大雨，圩尽没，岁饥，民食草根、树皮殆尽”[①]。有学者认为，在清代，安徽遭受的水灾灾害居安徽自然灾害前列，从流域看，清代安徽水灾次数最多的是中南部的长江流域，其次为北部的淮河流域[②]。

据相关资料记载，在宋元时期的400余年中，无为地方水灾只有11年次。整个明代，无为州有16年发生大水，平均17.25年发生一次。清代，水灾年份明显增多，巢湖流域或无为州共发生水灾56年次。其中，康熙在位的61年，无为州有10年发生了水灾。乾隆在位60年，无为州有16年发生了水灾，平均3.75年发生一次[③]。据王成兴的统计，整个民国时期，安徽水旱灾害是愈来愈多，只有4年未发生水灾，水灾次数为33次，旱灾为22次[④]。同样在皖江地区水灾的率次也在增加，且日趋严重。据金胜一统计，从1911年至1936年，只有5年没有发生什么特别的灾害，但每年都有灾荒。其中长江流域发生大小水灾共12次，淮河流域发生大小水灾共14次，旱灾多集中在淮河流域[⑤]。据汪志国统计，在近代安徽的自然灾害中，水灾发生最频繁，平均1.02年发生一次，其中，1921年、1931年、1943年、1948年均发生了损失惨重的大水灾，而鸦片战争前为平均34年一遇，前清时期是14年一遇，提高到7年一遇[⑥]。“据宿松县志记载，清代（公元1644年至1911年）的268年中发生洪水灾害39次，平均7年一次。民国的38年中洪水灾害8次，平均5年一次，其中1848年、1849年连年大水，1868年、1869年、1870年三年大水……沿江均受洪水灾害。……1849年洪水……安

---

① 嘉庆《无为州志》卷三十四《集览志》，江苏古籍出版社1998年版，第410—411页。

② 储庆，张晓纪：《清代安徽水灾对农业的影响》，《农业考古》2007年第6期。

③ 李卫华：《无为大堤志》，九州出版社2005年版，第322—325页。

④ 王成兴：《民国时期安徽的灾荒与应对》，《民国档案》2012年第3期。

⑤［韩］金胜一：《近代中国地域性灾荒政策史考察——以安徽为例》，《北京大学学报（哲学社会科学版）》1997年第4期。

⑥ 汪志国：《论近代安徽自然灾害的特征》，《灾害学》2007年第2期。

徽沿江‘大雨五旬余’，同仁堤淹没。怀宁、望江等17个州县大水，没田庐人畜。”[①]

据以上统计，清至民国时期皖江地区发生洪灾的次数明显增多。洪涝灾害的频繁发生迫使地方政府采取措施，加筑堤坝，这进一步抬高了河床和水位，使得洪水到来时，江堤更易崩坍，形成恶性循环。

2.江沙淤积速度加快，江中沙洲增多

随着人口增加和迁移，沿江洼地和山区荒地不断被垦殖，特别是长江中上游地区。比较明显的是“湖广填四川”“江西填湖广”的人口迁移，使长江周围的山地得到充分开发，如对秦巴山区、荆襄山地以及皖南山区的垦殖。大量的开垦必然导致山区水土流失严重，从而使长江流水含沙量急速增加，这是导致长江中产生沙洲的直接原因。如道光《徽州府志》载皖南山区“自皖民开种苞芦以来，沙土倾泻溪堨，填塞河流，绝水利之源，为害甚大”[②]。另外，江堤的修筑，也阻断了天然河道，导致河道的流态发生变化，改变了河流泥沙运动规律，泥沙流速降低，河流挟沙能力削弱，沙土易淤成洲。清代以后，由于安徽长江流域山林的垦殖和江堤不断的退建，加剧了水土流失，安徽长江江面沙洲明显增多。如无为州“自前明时涨发新洲，横亘江心”[③]，“及神宗时，江中渐起沙渚，阻遏江流。”[④]到了清代，无为江面沙洲增多，且成联并之势。康熙十二年（1673年），无为境内有沙洲15个，到乾隆四十九年（1784年），有沙洲37个。从江洲规模看，江洲联合生长的趋势也更加明显，如康熙时无为江洲多是独立生长，其中联合生长的不过是白沙洲和桥林洲、版子洲和白马洲。而到乾隆时，不仅有两个洲联合生长，还有4个洲和6个洲联合生长的情况。这说明近一百年来，无为的江面上泥沙淤积十分严重[⑤]。今铜陵市的张家洲就是张家、抚宁、紫沙、神登等洲联并而成，当涂县江心洲清代初有鲫鱼、老军、南生、

① 安庆市水电局:《同马大堤志稿》,安徽省水利志编辑室2001年版,第20页。

② 道光《徽州府志》卷四《营建志》,江苏古籍出版社1998年版,第300页。

③ 嘉庆《无为州志》卷五《水利志》,江苏古籍出版社1998年版,第72页。

④ 嘉庆《无为州志》卷二十六《艺文志》,江苏古籍出版社1998年版,第320页。

⑤ 赵崔莉:《清代皖江圩区社会经济透视》,安徽人民出版社2006年版,第219—220页。

张家等洲。道光年间，这些沙洲联并成今江心洲的雏形。沙洲的增多，不但使江面变窄，使之分叉和弯曲，而且改变了江水主水流流向和主泓道位置，从而对左右两岸交替产生侵蚀与淤积，江堤崩坍的危险性增强。

3.江堤退建次数增多，筑堤的空间缩小

清至民国时期，由于洪涝灾害次数增多和江水对江堤的不断冲刷，加剧了江堤的崩坍，因此，这一时期，皖江退建江堤工程较多。如无为县，明代时期，无为沿江尚未形成完整的江坝堤线，载入府志、州志的江坝堤段总计才11条，其中有堤线长度记载的堤段仅4条，总长47.48公里。清代是无为大堤形成、演变过程中最重要的阶段，无为沿江筑堤培修工程的数量和规模大大超过了明代，载入府志、州志的江坝培筑堤段总计78条，有堤线长度记载的堤段64条，总长137.46公里，期间造成严重灾情并致江堤溃决的大水年份有11次，每次灾后，都进行了大规模的堵口复堤、江堤退建及对险工要段的加高培厚[①]。

皖江地区历史记载最早的堤防江坝是无为的胥家坝，它于明正德年间修筑而成，后来由于水灾的侵袭，明代又陆续修建了一坝、二坝和三坝，这些江坝以退建堤为主。清顺治九年（1652年），“三坝势危，州守佟国祯、州倅王瑞麟起合州粮夫自鲍家桥至周思沟计筑四千丈有零”[②]，该江坝为四坝。康熙八年（1669年），由于江溜逼冲，四坝将决，州守颜尧揆自李家祠至王家渡越筑颜公坝。康熙二十九年（1690年），因颜公坝又处在危险中，州守张国桢续建颜公坝，此堤为五坝。康熙四十四年（1705年），州守孙成已筑六坝。清中叶以后，由于无为长江“北岸日崩，南洲渐长，濡之陆沉者几四五十里，筑坝御潮，一而二，而三，而四，汹涌冲突，仍移入内地”[③]。因此，自乾隆以后一直到民国时期，培修工程主要是江堤退建。同马江堤是在不断崩坍后重新退建而联结起来的。宿松县的御湖堤原系康公堤旧址，“上接同仁堤，下抵九江驿里堤，与江湖各堤依为唇齿”，“自同治八九两年大水，康堤坍没无存，邑令陈倡捐多金将康堤退建后里许，防御

① 李卫华:《无为大堤志》,九州出版社2005年版,第84页。

② 嘉庆《无为州志》卷六《水利志》,江苏古籍出版社1998年版,第78页。

③ 嘉庆《无为州志》卷六《水利志》,江苏古籍出版社1998年版,第82页。

湖水”[①]。据《宿松县志》载，宿松八里江至段窑一线江岸，自清光绪年间以来，崩塌4.50公里，江堤先后退建六处，从1939年到1959年，叶湾、梅坝、邓家坝、汇口等处长14公里的地段，崩塌面积为5.20平方公里。近百年来累计崩塌面积为67平方公里，有300处集镇和村庄退建。

自清以降，皖江江堤屡筑、屡溃、屡迁，出现江逼堤退的无奈局面。而江堤退建导致大量沿江圩田坍入江中，退建筑堤工程需要用的田地和土料逐渐减少，这样在修筑江堤时，必须重新一次又一次疏浚河道、开挖新河，为江堤退建提供必要的条件。

三、清至民国时期皖江堤防工程的修建过程

清代，皖江堤防修筑工程较多，其原因除了洪水灾害的频繁发生外，另一个重要因素就是离不开政府的重视和支持。

清代中前期，国家基本处于统一和安定的政治环境下，这有利于经济发展和人口增长。人口增长迫使政府鼓励人们开垦田地，这是皖江地区圩田得以兴盛的原因之一。这一时期，全国的经济中心在南方，政府十分依赖南方经济，非常重视东南财赋之地的水利的治理和建设。皖江地区是安徽圩田的重要之地，唐宋以来一直是政府赋税的重要来源之地，这些圩区的农业生产全靠一线江堤保障其安全，因此，政府不断投入大量的财力和人力，建设堤防工程，从而保证了皖江地区堤防工程不断得到建设和培修。如康熙年间，先后在无为修筑了颜公坝和李公堤。特别是在乾隆年间，由于国力昌盛，政府加大了建设力度，如乾隆三十年（1765年）在无为州实行的“鼎修全堤”，奠定了如今无为大堤的雏形。另外，规模较大的无为西河开河筑坝工程，从乾隆二年（1737年）提出设想，至乾隆五十九年（1794年）竣工，前后历时57年，其工程乾隆帝曾亲自过问，并命总督、巡抚认真核查，保证工程的质量，这在历史上是少见的。道光四年（1824年）和同治九年（1870年），无为江堤也进行了灾后大规模的培修工程，保证了无为江堤工程的质量，使其为巢湖地区的农业生产提供了重要保障。因无为州濒临长江，其江堤保障周围七邑圩田安全，所以历代政府和人民都把

① 民国《宿松县志》卷二十《水利志》，江苏古籍出版社1998年版，第410页。

江堤修防作为首要任务。

无为州虽然在明代就已筑有江坝，但清至民国时期才是其江坝的兴盛时期。清顺治九年（1652年）至康熙四十四年（1705年），先后建成四坝、颜公坝、五坝、六坝等江坝。康熙五十五年（1716年），州守李廷焕见无为古家碾、鲍家桥一带江坝势危，于是修筑月堤2600余丈，以防崩坍，百姓因“明年坝破，赖此堵御”①而尊称其为李公堤。乾隆年间，由于无为沿江圩口基本垦殖完毕，但沿江堤防多独自成圈，互相分割，且堤身矮小，抗洪能力差，因此，这段时期，无为江坝兴修工程较多。陆续兴修了常公堤、永定新坝、外一新堤、外二新堤、外三新堤、外四新堤、外五新堤、外六旧堤、外七旧堤、内一旧堤、内二新堤、内三新堤、内四旧堤、内五新堤、内六新堤、陈公堤、蒋公堤等。乾隆二十九年（1764年），无为州“江潮猝涨，坝堤冲决矣。……沿江大缺口六十三，小缺口一百八十九，洪潮内灌，合州被灾”，乾隆三十年（1765年），开始鼎修全坝，“堤坝一并加筑，以资捍御，并增建荻港圩至永成圩月堤”②，将沿江矮小和零散的堤坝联成四段，基本联成一线，上起青冈寺西，下至裕溪河壅家镇，形成大堤的雏形。民国时期，黄丝滩多次退建，且筑成散泮圩堤、神塘河横堤等。明至民国时期无为州修筑了数十个堤坝，其主要堤坝的情况见表2-2。

表2-2 明至民国时期无为州修筑的主要堤坝一览③

堤坝名称	修筑年代	位置	长度	工程负责人	备注
胥家坝	正德中	今铜陵县章家洲	—	—	—
郑公坝	嘉靖四十一年（1562年）	鳍鱼口屯台	10余里	州守郑惇典	—
一坝	万历十六年（1588年）	鳍鱼口	5 270丈	州守陈应龙	—
二坝	万历四十一年（1613年）	青山圩至韩官圩	5 700丈	知州孙慈	—

① 嘉庆《无为州志》卷六《水利志》，江苏古籍出版社1998年版，第78页。

② 嘉庆《无为州志》卷六《水利志》，江苏古籍出版社1998年版，第79—80页。

③ 嘉庆《无为州志》卷五《水利志》，江苏古籍出版社1998年版，第78—80页；李卫华：《无为大堤志》，九州出版社2005年版，第92—93页。

续　表

堤坝名称	修筑年代	位置	长度	工程负责人	备注
三坝	万历四十五年（1617年）	青岗寺至和尚圩	5 200丈	州守陈鸣熙	—
四坝	顺治九年（1652年）	鲍家桥至周思沟	4 000丈	州守佟国桢	—
颜公坝	康熙八年（1669年）	李家祠至王家渡	880丈	州守颜尧揆	习惯仍称四坝
五坝	康熙二十九年（1690年）	鲍家桥至李家祠	—	州守张国桢	与颜公坝相接，又名张公坝
六坝	康熙四十四年（1705年）	徐家龙潭至周思沟	7里	州守孙成已	又名孙公坝
李公堤	康熙五十五年（1716年）	古家碾至蔡家龙潭	2 600丈	州守李廷焕	为月堤
韩公堤	康熙六十年（1721年）	鲍家桥至文思庵	1 200丈	州守韩继先	为月堤
常公堤	乾隆七年（1742年）	古家碾至鲍家桥，鳍鱼口至上季家圩	1 206丈	州守常廷璧	—
横河小坝	乾隆十一年（1746年）	王家渡	61丈	—	下河的配套工程
陈公堤	乾隆十九年（1754年）	上接六坝下至何家垴	2 073丈	州守陈文言	—
永成月堤	乾隆三十年（1765年）	荻港圩至永成圩	—	—	随“鼎修全堤”加筑
中段月堤	乾隆三十六年（1771年）	古家碾至蔡家龙潭	2 665丈	州守张侨	—
七坝	乾隆五十三年（1788年）	沈家塘至方家桥	741丈	州守张衍龄	属于月河工程
八坝	—	月河南岸	—	州守张侨	属于月河工程
九坝	—	月河北岸	—	州守张侨	属于月河工程
张谢圩月堤	乾隆五十八年（1793年）	张谢圩至永成圩	206丈	知州苏椿	属于引河工程
上河拦河坝	乾隆五十九年（1794年）	柯家湾、张家湾	—	巡抚朱珪	上河的配套工程
黄丝滩嘉泰圩退建第一坝	民国十二年（1923年）	五显殿	—	—	已崩溃

续 表

堤坝名称	修筑年代	位置	长度	工程负责人	备注
黄丝滩嘉泰圩退建第二坝	民国十五年（1926年）	五显殿	—	—	已崩溃
黄丝滩嘉泰圩退建第三坝	民国十九年（1930年）	五显殿	—	—	未建成，次年崩溃
黄丝滩退建第四坝	民国二十一年（1932年）	五显殿至下坝	3 000米	—	已崩溃
黄丝滩三坝堵口堤	民国二十一年（1932年）	—	—	—	已崩溃
散泮圩堤	民国二十一年（1932年）	新板桥至兴隆庵	—	—	已废弃
神塘河横堤	民国二十一年（1932年）	神塘河口	200米	—	仍在
黄丝滩险工内护堤	民国二十二年（1933年）	五显殿至下坝	—	—	已崩溃
烟墩龙塘堤	民国二十二年（1933年）	烟墩	180米	—	仍在
青山圩堵口堤	民国二十五年（1936年）	—	200米	—	—
安定街后兜堤	民国二十五年（1936年）	灯笼地至李家花园	3 600米	—	残留堤段为金安定街外滩圩堤
黄丝滩退建堤	民国二十五年（1936年）	三支笔至新埂头	2 778米	—	—
黄丝滩惠生堤	民国三十二年（1943年）	将军庙至九房村	7250米	—	仍在
青山圩胡家沟退建堤	民国三十五年（1946年）	红杨树至乌鸦地	2 010米	—	—
黄丝滩建军堤	民国三十五年（1946年）	裕溪河口	3 360米	—	仍在
裕溪外八圩退建堤	民国三十五年（1946年）	—	950米	—	—

同马大堤是在晚清时期逐步建成的。宿松、望江、怀宁境内的华阳河、皖河水系的大量湖泊，原是长江古道，清咸丰年间因江流淤塞严重，江道南移。该段江段变迁较大，坍江之灾较严重。明代时，宿松就开始沿江筑堤，但大兴是在清至民国时期（见表2-3），“清开国之初，江水安澜，邑境

居民防旱多而防潦少，道光后，江潮迭溢，于是外而沿江数百里之长堤先后修筑”[①]。康公堤，在宿松县南百里介归林、泾江二庄，上接湖北黄梅，中绕江西九江地界，下抵宿松坝头西港。明初为德化县（今名九江县）修筑，清代才归为宿松县，改名为交公堤。“近时堤已倾圮，沿堤居民即在该堤原址修建御湖各堤。”[②]同仁堤“上自梅邑之董家口起，下至本邑归林庄大田尾止，计长一千九百余丈”。原为鄂省广济、黄梅之保障，道光十四年（1834年），黄梅赖知县倡议建修。道光十八年（1838年），鄂委道员查请帑修筑，工竣编列和、亲、康、乐、安、平六字号，劝谕黄梅、宿松、德化业民各按田亩分段岁修保固，自后“该堤工程，每遇兴修即由鄂、赣、皖三省平均分拨官款”[③]修建。丁家口堤在县西南归林庄，该处原本无堤，但因在同仁堤与初公堤之间，鄂、赣两省咨商皖省希望修筑丁家口堤，使同仁与初公堤相连，于是皖“将该接壤之丁家口，动拨官款修筑，计堤长三百三十余丈”。后来，由于连年崩坍，堤身退建，“堤线加长至五百余丈，历次兴修，均系官拨款项”[④]。泾江口堤在县泾江庄，该处原有水港由江达湖，光绪十一年（1885年），邑令孙葆田因“江水由该口直灌，不可无以御之”，于是请拨官款砌土筑堤堵塞港口，“计长二十余里，四千九百余丈”[⑤]。初公堤，道光二十五年（1845年）重修，该堤西起秀沟口，东至老坝丁家口，长达5 700余丈，其中宿松管堤280丈5尺[⑥]。马华堤于民国三年（1914年）开始修筑，民国五年（1916年）竣工，该堤“上接泾江长堤，自马家港起，下至望江县华阳镇港岸止，计长七十余里”[⑦]。同马大堤系由零星圩堤连接延伸而成。后来历经同治八年（1869年）、同治九年（1870年）和光绪二十七年（1901年）大水，原有堤坝崩坍严重，才着手联并同仁堤、丁家口堤、初公堤、泾江长堤和马华堤，形成同马大堤雏形。同马大堤上接湖北黄广大堤下至怀宁官坝头，全长共175公里。

---

① 民国《宿松县志》(一)卷二十《水利志》,江苏古籍出版社1998年版,第408页。
② 民国《宿松县志》(一)卷二十《水利志》,江苏古籍出版社1998年版,第408页。
③ 民国《宿松县志》(一)卷二十《水利志》,江苏古籍出版社1998年版,第408页。
④ 民国《宿松县志》(一)卷二十《水利志》,江苏古籍出版社1998年版,第408页。
⑤ 民国《宿松县志》(一)卷二十《水利志》,江苏古籍出版社1998年版,第408—409页。
⑥ 徐建平:《民国时期鄂皖赣三省沿江边界调整与江堤维护》,《史林》2009年第4期。
⑦ 民国《宿松县志》(一)卷二十《水利志》,江苏古籍出版社1998年版,第409页。

表2-3　明至民国时期宿松县修筑的堤坝一览[①]

堤坝名称	修筑年代	长度	位置	工程负责人	备注
康公堤	明初	—	在县南百里，上接湖北黄梅，中绕江西九江地界，下抵宿松坝头西港	康茂才	清道光时改名为交公堤
枫香堤	明代	长三百五十丈，高一丈，阔二丈	在县东北三十里，介荆桥赤岗庄	知县施溥	民国五年(1916年)修复
同仁堤	道光十八年(1838年)	长一千九百余丈	在县南百二十里,上自梅邑之董家口起,下至宿松归林庄大田尾	鄂省道员	同治九年(1870年)后,规定鄂、赣、皖三省平均分拨官款兴修
荆桥堤	康熙	长踰一里	在县东北三十里荆桥庄	耆民曹圣郡	旧在河西，今移河东
同仁护堤	道光十八年(1838年)	长四千一百二十丈	在县南百一十里归林庄，上自黄梅叶家南圩起，下至吴家圩、陆家圩直接御湖堤止	绅民	请拨款津贴补助兴修
绥丰堤	道光十八年(1838年)	长三千二百丈	在县南八十里泾江庄	湖北道员	三省拨款补修
惠民堤	道光十八年(1838年)	长三千六百五十丈	在县南七十里泾江庄	宿松知县	官督民修
丁家口堤	晚清时期	长三百三十余丈	在县西南百二十里归林庄，同仁堤与初公堤之间	宿松知县	民国五年(1916年)兴修,一半公款一半就地筹措
泾小后湖各堤	光绪宣统之季	长三千余丈	在县南七十五里，介泾江、小姑之间	士绅徐鹏搏、徐植春、吴国英等	请款津贴补助兴修
北冲河堤	道光、民国八年(1919年)	长约十一里	在县西四十里寨子庄	—	分河东、河西二堤
黎协堤	咸丰年间	长百丈	在县东一里,介东厢排山庄	汉阳知县黎道钧	明初修筑,咸丰年间重修

① 民国《宿松县志》(一)卷二十《水利志》,江苏古籍出版社1998年版,第408—411页。

续 表

堤坝名称	修筑年代	长度	位置	工程负责人	备注
御湖堤	同治年间	长五千七百四十丈	在县南百里，介归林、泾江之间，上接同仁堤，下抵九江骅里堤	宿松陈知县	倡捐款项修筑
七段各湖堤	光绪年间	长二千五百余丈	在县南百里归林庄，上接六段民堤，下接绥丰堤	—	请款津贴补助兴修
南堤	光绪十一年（1885年）	—	在县南七十五里泾江庄，上与初公堤紧相衔接，下抵泾江长堤	知县孙葆田	绅耆倡议补建
泾江长堤	光绪十一年（1885年）	计长二十余里，四千九百余丈	上接九江县之初公堤，下至小姑庄之马家港	知县孙葆田	官民合修
马华堤	民国三年（1914年）	长七十余里	在县东南一百二十里小姑庄，自马家港起，下至望江县华阳镇港岸止	鄂、赣、皖三省官绅	经费官民各一半
张家坝堤	—	长数十丈	在县西二里长安庄大桥西	—	民国八年(1919年)，请官拨款补助重修

安庆的广济圩江堤也是在清代修筑而成。江水贯穿安庆府城东，且与城中河湖相连，在汛期时，城中江湖泛滥成片，一片汪洋，城内的住宅房屋和田地常淹没于水中，人们常受此累。嘉庆八年（1803年），沙琛调入怀宁任知县，见人们常受江水所害，于是决心修筑江堤阻挡洪水，这就是安庆第一条城市防洪堤的由来。该防洪堤自任家店至新河口长约25公里，为防内涝和引水灌溉，该堤堤身建有3座通江涵闸。该堤建成后，怀宁县的民众财产和田地得到保障，时人将之称为“广泰圩”，寓广享平安之意，即现在的广济圩。

清代，枞阳江堤比较分散。鸦片战争之前，枞阳县沿江上自永镇坝，下自陈家洲，以圩为体，形成堤防[1]。道光二十五年（1845年），桐城县令史丙荣筑成江家圩下叶家拐至老洲头江堤，后又将其延伸至灰河口。道光

① 汪志国：《近代安徽水利事业述论》，《安徽史学》2010年第4期。

二十六年（1846年），将此段江堤命名为“丰乐堤”[1]。

当然，由于南岸多山地和丘陵，且岸边石矶头较多，相对北岸来说，岸堤比较坚固，崩坍较少。清代，南岸的江堤建设取得了一定成果，如铜陵在万历年间就已筑成保障仁丰诸圩的江坝，清代又加筑和巩固。此外，贵池、芜湖、当涂等县也都对原有江坝进行了加筑和培修。后期，又经过大规模的联圩并埠，皖江各地江堤基本联成一线，共同保护皖江地区的农业生产和交通安全。

民国时期，虽然吏治腐败、战争不断，但沿江民众为保障农业生产，大力修建江堤，江堤建设仍取得不少成就。

同马大堤形成较晚，该堤错综复杂，堤属湖北黄梅、江西九江、安徽宿松等地县。由于频发水灾，民国时期，对其进行过多次修筑和堵口。民国三年（1914年），鄂、皖、赣三省筹建马华堤，上接泾江长堤马家港，下至望江华阳港，长约40公里，民国五年（1916年）竣工。沿江上自同仁堤下至马华堤联成一线，形成同马大堤的雏形。民国九年（1920年），秋大水，马华堤决口。同仁堤安字号崩坍，三省共同出资合修加固。民国十四年（1925年）春，三省联合对马华堤进行堵口加筑。民国十七年（1928年），江水汹涌，同仁堤和字号崩溃，民国十八年（1929年），三省共同会修堵口，筑堤长300丈。民国二十年（1931年），安徽省暴发洪水灾害，此次灾害程度较重，全省江堤崩坍严重。民国二十一年（1932年），全省进行了大规模的堵口复堤工程。民国二十四年（1935年），又发大水，同仁堤、马华堤决口，此后又进行退建。民国二十八年（1939年）到民国三十四年（1945年）间，虽然战火遍地，但皖江民众仍然对同马堤进修了修复，具体见表2-4。

表2-4　安徽省民国二十八年（1939年）到民国三十四年（1945年）同马堤完成土方统计[2]

年　度	施工长度/米	完成土方/立方米
民国二十八年（1939年）	71 262	1 476 142
民国二十九年（1940年）	13 429	297 621

① 安徽省地方志编纂委员会：《安徽省志·水利志》，方志出版社1999年版，第155页。

② 汪志国：《近代安徽水利事业述论》，《安徽史学》2010年第4期。

续 表

年　度	施工长度/米	完成土方/立方米
民国三十年(1941年)	14 297	134 316
民国三十一年(1942年)	21 887	661 278
民国三十二年(1943年)	20 821	360 889
民国三十三年(1944年)	14 000	235 317
民国三十四年(1945年)	—	48 996 263

无为江堤由于特殊的地形和重要地位，历来为政府和人民所重视。民国时期，虽然民生凋敝，但江堤的修防工作并未落下。民国元年（1912年），无为以工代赈，修筑黄丝滩江堤，但由于资金不足，致使降低标准，结果该堤于当年汛期再次崩溃。民国十二年（1923年），由于黄丝滩五显殿一带崩岸频繁，危及江堤安全，在嘉泰圩筑退建堤一道。民国十五年（1926年），在嘉泰圩修筑了第二道退建堤。民国十九年（1930年），又在此堤修筑了第三道退建堤。民国二十年（1931年），长江流域大水，政府以工代赈，全线修筑长江堤防。其中无为江堤施工长121公里，筑堤培修有一定的标准，堤顶高程高出该年最高洪水位1米，顶宽5米，内坡坡度自堤顶至堤腰2.70米处为1∶2，以下1∶5，外坡坡度为1∶3。该年大水后沿江各省统一实施的江堤大培筑是近代长江修防史上规模最大的一次筑堤工程，当时被称为“长城后之最大工事”[①]。民国二十四年（1935年）皖江又发生水灾。无为江堤上自青山圩，下至蚊子港，进行了退建、堵口和培修工程，施工总长105.20公里。民国二十七年（1938年）到民国二十九年（1940年），无为连续三年进行了江堤培修，总计完成土方143.40万立方米。最著名的是民国三十一年（1942年）的惠生堤工程。由于黄丝滩崩岸严重，在皖中抗日根据地吕惠生领导下，成立黄丝滩江堤退建工程委员会，具体实施长7.25公里的退建堤工程。新退建堤新建成后，为表彰吕惠生的功劳，命名为“惠生堤”。此后又进行了一些培修工程。

此外，枞阳江堤、芜当江堤、广济圩江堤等堤防在民国时期也进行了多次修筑，这些堤防的建设和修防有效地保障了农业安全和民众的生命财产。

① 李卫华:《无为大堤志》,九州出版社2005年版,第97—98页。

第二节　清至民国时期皖江堤防的修筑技术

一、清代之前皖江堤防修筑技术概述

皖江地区的堤防由江堤、圩堤和河湖堤坝共同构建而成。江堤的发展离不开圩堤的建设，皖江众多江堤原本就是由一系列外护圩堤演变而成的，因此，圩堤的修筑技术的进步和发展决定了江堤技术的发展。皖江地区圩堤修筑历史较久，可以追溯到三国时孙权、曹操在皖江地带建立的屯田。望江县著名的西圩就是在三国时由东吴创筑。

筑堤、浚河、建闸技术是修筑圩田工程必不可少的技术措施，唐、宋、元时期随着圩田的大量修筑，这三项技术也得到迅速提高。圩堤是否牢固直接关系圩田的安危程度，因此，圩堤修筑必须要坚固结实，需要一定的技术要求。当时筑堤主要靠“杵”夯打，使其坚固。另外，由于皖江地区的圩田外河水位常常高出圩田4～5米，所以对圩堤的标准有一定的要求。北宋嘉祐六年（1061年）复建的万春圩堤底宽六丈，高一丈二尺。南宋时，圩堤标准有所提高。乾道七年（1171年），要求圩长“每遇秋成，集体圩人夫于逐圩增修面阔一尺，侧厚一尺，脚阔二尺，须用坚土实筑”[①]。皖江圩田一般都有沟渠系统。南宋杨万里在诗歌中指出：“河水还高港水低，千枝万派曲穿畦。斗门一闭君休笑，要看水从人指挥。”可见当时的沟渠系统相当完备。斗门涵闸沿堤修筑，沟通圩内外河网，是控制圩内排灌蓄泄的重要设施。皖江地区民众在三国时就已掌握了修筑斗门建闸技术，较早的铜城闸就在三国时建立。唐宋时，皖江地区的圩堤普遍建有斗门和闸坝。如万春圩大堤上建有五座斗门，永丰圩建有四座重要斗门，且斗门质量较高，“两旁用石筑垒，及以沙板安闸，高筑土钳，常加坚实”[②]。以往斗门、水闸多以竹木修筑，仅少数斗门以砖石砌，并不牢靠，所以，皖江许多地区对斗门进行改建，“当涂县重新改造斗门一十三所，石卷砌四所，水函八

① 张芳：《中国古代灌溉工程技术史》，山西教育出版社2009年版，第204页。

② 刘琳，刁忠民等：《宋会要辑稿》，上海古籍出版社2014年版，第6172页。

所；修砌旧系砖石斗门五所，水函一十所。芜湖县重新改造斗门八所，用砖石卷砌”[1]。

唐宋时，皖江地区圩田工程技术以芜湖县的万春圩为代表。沈括在《万春圩图记》中记载的较为详细。“（堤）博六丈，崇丈有二尺，八十四里以长。夹堤之脊列植以桑，为桑若干万。圩中为田千二百七十顷，取天、地、日、月、山、川、草、木杂字千二百七十名其顷。方顷而沟之，四沟、浍之为一区，一家之浍可以舫舟矣，隅落部伍值曲相望皆应法度。圩中为通途二十里以长，北与堤会。其袤可以两车，列植以柳。为水门五。”[2]从这段文字记载中可以了解到当时万春圩圩堤周长84里，圩中有田1 270顷，以顷为单位分成方块，四周开沟和浍，并且浍可行舟船。圩堤、涵闸、沟渠配套完善，当时已有完备的沟浍水利系统。由此可见，当时皖江民众修圩筑堤的技术已达到相当高的水准。宋代诗人杨万里在《诚斋集·圩丁词十解》中描述皖江地区筑堤情景时写道：“岸头石板紫纵横，不是修圩是筑城。传语赫连莫烝土，霸图未必赛春耕。”

由于皖江地区长江沿岸地势低平，每遇汛期时，江水易侵袭，圩区防汛任务十分艰巨，而民力无法负担，为保障圩田安全，宋元时期皖江地区大力推行联圩并圩。所谓联圩就是将众多小圩合并或将圩堤联结成整体以增强抗洪能力的措施。如当涂县的广济圩，圩堤长93余里，“其圩与私圩五十余所并在一起，坐落青山前，各系低矮埂，外面有大埂一条，包套逐圩在内，抵涨湖水”。当时人们就已认识到，“只修外面大埂，不惟数倍省工，委是可以抵障水势”[3]。联圩措施是皖江地区依据地貌特征进行防洪的一个创举，联圩不等同于连圩，不是简单的圩堤相连，而是通过修筑大堤坝将众多小圩包围在内，使众多小圩有机地组织起来，以达到防洪保收之效。

当然，由于圩田高低不同，为解决旱涝矛盾，宋代时，皖江地区还对圩区实现分区分级控制。如绍熙四年（1193年），太平州圩田大多在湖泊低浅处筑围成埂，在圩内开河沟，筑埂，实行分区分级控制，“遇水可以潴

① 刘琳，刁忠民等：《宋会要辑稿》，上海古籍出版社2014年版，第6170页。

② 沈括：《万春圩图记》，载《长兴集》卷二一，见《四部丛刊三编·集部·沈氏三先生集》。

③ 张芳：《中国古代灌溉工程技术史》，山西教育出版社2009年版，第206—207页。

泄，遇旱可以灌溉”。

明代时期，皖江地区的人口增长迅速，人多地少的矛盾比较突出，促使人们争相开发沿江滩地。江滩过度垦殖加剧了水灾频率和强度，为保护田地，皖江民众把圩区的治理与江堤建设结合起来，开始建立江堤以阻挡江水对圩田的浸淹。圩区治理与江堤建设结合是这一时期的堤防工程技术的主要特点。永乐三年（1405年），无为地区“修无为周兴乡……缘江圩岸”①。这一时期，由于沿江滩地的围圩筑堤，使无为江边筑起一连串的江坝。“江滨浮涨，日就垦辟，遂于沿江二百余里筑长堤，以捍江潮”②，明代文献中记载最早的无为江坝为走马滩坝，它距城五十里，由“明正统间州守王仕锡劝民筑，堤三百丈，行者便之”③。正德年间，在无为州江岸的上段建成筑胥家坝。嘉靖年间，无为州州守郑惇典于鳍鱼口屯台筑长堤十数里，称为郑公坝。万历九年（1581年），栅港镇修筑成神塘堤。此堤“距城东二十里，明万历九年掌州事查志文申抚牒，州同知祝教令、巡检王崇义董役建筑，即滩为圩，以防水患，长一千八百五十八丈，高二丈，阔二丈二尺”，堤内“开垦播种，悉成膏腴”④。此外，在栅港口的长江下游一带还筑成了临江坝、余家坝和长坝，此三坝是以宋代靠岸成陆的三垄洲、复凝洲、金带洲为外滩地筑堤圈圩而形成的江坝。到明代中后期，在长江左岸今无为大堤的岸段上，大致圈筑了四大段江坝：第一段为新安桥江坝，第二段是以胥家坝、鳍鱼口坝为主的一段江坝，第三段是由神塘堤、临江坝、余家坝、长坝等圩坝构成的堤段，第四段为和州南部的濒江堤坝。

二、清至民国时期堤防修筑的施工技术

清代中前期政治的安定，有利于经济发展和人口增长。此时，全国的经济重心已在南方，国家财政对南方经济的依赖程度更胜于前代，因此，东南的水利治理与建设显得尤为重要。政府投入大量的人力、财力支持该

① 安徽通志馆:《安徽通志稿·舆地考·水工》,民国二十三年(1934年)铅印本,第1370页。

② 嘉庆《无为州志》卷二十六《艺文志》,江苏古籍出版社1998年版,第320页。

③ 嘉庆《无为州志》卷六《水利志》,江苏古籍出版社1998年版,第82页。

④ 嘉庆《无为州志》卷六《水利志》,江苏古籍出版社1998年版,第81页。

地区的水利工程建设。在工程建设过程中，经过皖江民众的辛苦探索，不断总结堤防工程建设的经验和教训，使该地区的堤防修筑技术得到进一步发展。民国时期，虽然财政大不如前，但国家财政依然依赖江南地区，国家对这一地区的水利建设也是大力支持，不遗余力，因此民国时期该地区的水利工程技术也得到了发展和进步。这一时期的筑堤工程技术，除了继续发展筑堤、浚河、建闸的技术外，皖江民众还积累了丰富的施工和护堤经验，为后期水利工程的发展奠定了坚实的基础。

（一）堤防的标准

堤防的修筑工作一般都在冬春季节进行，堤防的高度均以洪枯水位为起算标准。皖江地区的洪枯水位差相对太湖流域较高，一般都在10米以上(吴淞基面)，其修筑标准要求更高。“圩堤的高度是依据洪枯水位差和地面高程决定的。太湖地区洪枯水位差一般在2米左右，长江中下游沿江其他圩区的洪枯水位差都大于太湖圩区，因此，对圩堤的修筑标准要求更高。如丹阳湖区，汛期江湖水位有时高达12米（吴淞基面）以上，高出圩田田面五六米，故所筑圩堤高大。当涂县大官圩将圩堤分成四等，堤外无风浪冲击者为标工，外临大河者为次凶工，外临湖面者为凶工，外临湖面而风浪极大者为极凶工。依堤工险平规定不同的修筑标准，极凶工‘埂高一丈五尺，底宽七丈’；次凶‘工埂高一丈二尺，底宽五六丈’。”[①]

清至民国时期的堤岸规格标准与明代相比有所提高。清代时，一般要求堤防的高度要比历史最高洪水位高出一尺。清代《严作霖条例》称：“圩身加高尺寸，总照极大水年之水痕，再高一尺，以官尺计。”[②]这里虽然讲的是圩堤，但具体到江堤，其高度标准要求则更严。皖江地区堤防工程的建设标准也是以历史洪水最高水位为依据，主要是按照1931年、1949年、1954年实测最高水位设计堤身断面。如同马大堤的临江段堤顶高程一般为16～17米，其中合成圩、顺合段为14～15米。临河段堤基高程江镇以下为11～12米，潭子湖附近为13米左右，石牌以上为15～17米，东埂隔堤为11～14米。

① 张芳:《中国古代灌溉工程技术史》,山西教育出版社2009年版,第399页。
② 张芳:《中国古代灌溉工程技术史》,山西教育出版社2009年版,第399页。

（二）堤防施工技术

堤防施工过程中主要考虑筑堤物料来源、质量和修筑方法、影响等方面。

关于堤防建设中的物料问题，以往的相关研究多集中于黄河、运河[①]，近年来，有学者也开始涉及长江流域的堤防物料研究，但主要集中在圩田的修防上，而关于长江江堤修防所用物料关注的较少。郑肇经把河工物料分为四种类型，即沙土类、砖石类、薪木类、杂料类。沙土类包括胶土、素土、沙胶和黄土四项，砖石类包括石料和砖料，薪木类包括杨树、柳枝、芦苇等，杂料类包括绳缆、石灰、铁料及其他零星料物[②]。而其中江堤主要采用的物料有土料、杨柳、芦苇、椿木和砖石等。对于清至民国时期的皖江江堤工程而言，土料、薪木类材料等显得尤为重要。薪木材料是堤防建设的物料来源之一，具体到皖江地区，其主要物料为芦苇和柳树，一般作为护堤材料使用，在后文阐述堤岸防护技术时再具体叙述，此处就不赘述了，这里重点探讨土料的来源及其技术要求。

由于皖江地区的地形以及气候特征，皖江地区的堤防主要是因防洪的需要而存在。尤其是夏季，江水陡增，不断冲刷堤岸，江堤时常面临崩坍的危险。在治理江堤时，土料是第一物料需求。从古至今，对治理江堤所用的土料一直都有严格要求，其中对于土料的来源、土质以及取土规范都有具体制度。

明清时期筑堤的土料来源，张芳认为主要有六种途径：一是开河取土；二是疏浚河道滨淤浅者，挖土筑岸；三是开挖荒田取土；四是从茭芦草荡取土；五是于圩内农田中开临时沟渠土；六是鱼鳞取土法[③]。张芳主要是论述圩田修防的土料来源，这与皖江地区江堤的土料来源有相通之处。皖江江堤由于地处江水与内河之间，且堤外就是圩田，因此其土料相对匮乏。取土方法主要是采取开河取土、挖荒田和滩地取土以及直接挖废圩田以筑堤。当然取土不能太靠近堤坝，以免损坏堤基，造成顺堤成河，所以取土

---

① 主要有郑肇经《河工学》，商务印书馆1934年版；岑仲勉《黄河变迁史》，中华书局2004年版；徐福龄，胡一三《黄河埽工与堵口》，水力电力出版社1989年版；李德楠《工程、环境、社会：明清黄运地区的河工及其影响研究》，复旦大学2008年博士论文等。

② 郑肇经：《河工学》，商务印书馆1934年版，第248—255页。

③ 张芳：《中国古代灌溉工程技术史》，山西教育出版社2009年版，第401页。

必须远离堤脚15丈以外。这在无为江堤上表现较明显，特别在清代，由于水灾的频繁，无为江堤崩坍严重，修防工程较多，特别是退建堤。清中叶以后，由于无为长江“北岸日崩，南洲渐长，濡之陆沉者几四五十里，筑坝御潮，一而二，而三，而四，汹涌冲突，仍移入内地”[①]，因此，自乾隆以后的一百多年中，培修工程主要是江堤退建。而江堤退建致使沿江大量圩田坍入江中，退建筑堤工程需用的土料场地逐渐减少，甚至到了无地可用的地步。“乾隆甲申后，濡郡江坝连溃，欲捍筑无地取土，工役维坚。”[②]这导致在修筑江堤时，必须重新一次又一次疏浚河道、开挖新河，为江堤退建提供必要的条件。在乾隆年间，由于无为江堤不断崩坍，特别是无为上段的鲍家桥至姚沟一线崩坍十分严重，无为民众不得不一而再再而三的退建江堤，但是由于多次退建，最后已退建到西河附近，无地可筑，这迫使西河必须改道，实行开河迁堤。乾隆年间，先后实施了引河、月河以及上河工程，才满足了筑堤空间的需要，具体见表2-5。

表2-5　清代无为州治理江堤开浚河流一览[③]

名称	时间	负责人	地段	工程量	修筑方式	备注
新河	乾隆十一年（1746年）	巡抚尹继善、知州张共锦	起刘家渡止张家湾	计四千一百九十四丈，深一丈四尺三寸，宽三十丈	按册起夫粮	江南总督尹继善奏请修筑，此河即下河
月河	乾隆五十三年（1788年）	巡抚书麟	起沈家塘止方家桥	计长五百九十余丈	借官帑三万六千五百两	分作四年照粮摊派还款
引河	乾隆五十八年（1793年）	巡抚朱珪、知州苏椿	杨家涵至耿家段	土方九万二千有奇	粮夫挑筑，民力民办	分作四年照粮摊征还款

① 嘉庆《无为州志》卷六《水利志》，江苏古籍出版社1998年版，第82页。
② 嘉庆《无为州志》卷六《水利志》，江苏古籍出版社1998年版，第77页。
③ 嘉庆《无为州志》卷五《水利志》，江苏古籍出版社1998年版，第73—77页。

续　表

名称	时间	负责人	地段	工程量	修筑方式	备注
上河	乾隆五十九年（1794年）	巡抚书麟	沈家闸至东圩闸	长十六里六分，面宽三十丈，底宽十五丈，中深一丈四尺	州绅耆领筑，粮夫挑筑，民力民办	监生呈请

筑堤用的土料非常重要，从筑堤角度来说，在诸种土质中，以老土为佳，因为“老土业经多年淤积、风化和多种土壤掺和，黏度、细度和级配都比较优越，‘夯硪如法，无不保锥’。但老土相对较少，一般多在堤防完成后‘务寻老土，远觅胶泥，盖顶盖边，栽种草根，以御雨淋冲汕，以防风扬之虞’”[①]。沙土多是秋天洪水之后的滩地淤积，力学性质是最差的，“‘筑堤最忌流沙。及夏冬二季，流沙遇风即飞扬，遇雨则坍淋’，只能用于堤身内层。其夯实技巧在于，‘贵在泼水，趁润夯杵，庶能凝结为一’”[②]。沙土一般有三种颜色，其中黄色的沙土性质较好，青色和白色的沙土最松散。因此若用沙土筑堤，必须在堤防筑成之后，用老土盖顶一层。乾隆三十四年（1769年），无为州守张侨在挖太阳洲时，原想将挖洲之土用于筑堤。但由于“舟载之土又属细沙，虽用以增筑坝堤不相黏腻，万难坚久，驯至五六月间，江潮猛涨而大工因以中止，是年州被水灾，田庐悉没”[③]。由此可见，沙土不适宜筑堤。胶土多系大汛之后的滩地淤泥，其力学特性也不是很好，如果选用胶土筑堤，比较好的填筑办法是先令锨夫将新到之土中的大块胶泥劈碎成如鸡蛋大小，再让水夫浇水灌溉，等到土料泡透，然后再将其曝晒，并用尖嘴石夯带水杵打，效果甚佳。不过胶土遇干则裂，所以也要和沙土一样，在堤顶用老土再盖一层。两合土，即将相反性质的沙土和胶土掺合，“‘两合土筑成之堤最为坚牢。若遇无水之地（即使不另外加水），惟有一尺一坯，多加夯硪亦可’。当然，如能挖井取水喷洒，‘水土合一，更加坚固，即经水浸，不致溃卸’”[④]。

① 周魁一：《中国科学技术史·水利卷》，科学出版社2002年版，第272页。
② 周魁一：《中国科学技术史·水利卷》，科学出版社2002年版，第272页。
③ 嘉庆《无为州志》卷六《水利志》，江苏古籍出版社1998年版，第77页。
④ 周魁一：《中国科学技术史·水利卷》，科学出版社2002年版，第272页。

土料的填充是否规范和严实对于筑堤来说非常重要，关系到堤防的质量。关于土料的填充，周魁一在《中国科学技术史·水利卷》里论述较详细，下面本文主要根据他的论述谈谈土料的填充和规范。土堤如何夯筑对于筑堤来说比较重要。明代堤防夯实主要用杵和夯，单人、双人或四人同时操作。筑堤“必用新制石夯。每土一层，用夯密筑一遍。次石杵，次铁尖杵，各筑一遍，复用夯筑平”[①]。到了清代，夯筑工具中有杵、夯，最主要的是硪。早期的硪多用石料凿成，嘉庆道光以来又有铁铸的。硪有多种形制，据《河工器具图说》记载，硪分两大类：云硪，主要用于打桩，由于高高抛起空中而得名；地硪，用于土工夯筑。地硪之中又有墩子硪、束腰硪，主要用于平地；灯台硪、片子硪，主要用于两面的堤坡。地硪一般重约60斤～100斤，直径一尺一寸到一尺二寸，厚五寸，四周系有8～10条麻绳，由8～10人同时操作，夯打料土，提高了夯筑工效和质量。在堤基之上填筑堤身，“上土每坯以虚土厚一尺二三寸为率，行硪打成八九寸；或每坯虚土八寸，即行硪三遍，打实五寸亦可，庶得壤五坚三之道。”如果原堤断面不够，需要加宽培厚者，夯筑必须保证新土与旧堤胶合，形成一体。因此，必须先在要加宽的底宽上，行硪二三遍，使根底坚实，然后向上逐层做坯。为保证新土与旧堤胶合，必须将老堤坦坡树木草根铲尽，再将旧堤坡上切成阶梯形，每级宽尺余，每坯新土厚不超过一尺，泼水夯硪三遍，然后再上下一坯土。在这一过程中，务使旧堤“与新土层层犬牙相吞”[②]。

乾隆年间，修筑无为江坝所需的土料面临着无土可取的局面，必须开河迁堤。但在开河的路线选择上又出现了意见不统一的情况，主要有三种意见。无为州守张侨在《开上河议》中对此进行了详细论述：乾隆初年，众人就上、中、下三条古河道就何处开河而引起议论。生员范允岱、耿遇房、监生胡炳议最有远见，力主开浚上河筑堤，因为上河离江水较远，可以更多为江堤退建提供余地，可以一劳永逸，但这会损失更多土地。生员洪继性议主中河而附近居民则力主下河，原因是担心置田庐于河外，下河工程损失的田庐相对要少。若开浚下河，可能二十年后又须另开河道，若开中河，恐不过十年也要另开河道，这样“开河倍加耗费”，所以“愚见敢

① 靳辅：《治河方略》卷十，乾隆三十二年（1767年）刊本。
② 周魁一：《中国科学技术史·水利卷》，科学出版社2002年版，第274页。

以上河为请”[①]。三条线路的争执，反映了在兴修水利工程中的各个利益集团的博弈。开浚上河的方案最初没有得到政府的首肯，原因在于这条路线让地太多，势必会影响官府的赋税收入，同时，工程规模大，动用大量的人力物力无疑会影响其他提防修筑，并且移民安置和让地户主的生计问题都需要解决，因此在这种情况下最终选择的是下河方案。下河方案的选择使无为州民众在此后又因江堤的退建花费了巨大的人力物力开浚了上河。之所以出现这样的结果，不仅是由于对河道走势变化认识不足，还在于一些官民出于眼前利益而不从大局出发。如果一开始就实行上河方案，“虽欲不置附近田庐于河外，卒不可得，时势然也”，“然去小利而远大害”[②]。这个经验教训对我们今天的防洪和治江都有重要的借鉴意义。

另外，江堤修防所需土料巨大，造成田地荒废过多，影响政府赋税收入和民众的农业生产。无为“濡之陆沉者几四五十里。筑坝御潮，一而二，而三，而四，汹涌冲突，仍移入内地，因筑五坝御之”[③]。可见，由于江水的侵蚀，江坝已经退建到内地，需要废民田才能筑江堤。乾隆时为了迁河筑堤，先后进行了开挖新河、月河、引河和上河工程，整个工程浩大，需求土方甚多，挖废田地较多，最终导致农民无地可种。为减轻农民负担，政府对挖废的田地实施豁免税收政策。“从前挖废田地应纳钱粮果有摊赔等弊苦，累小民应令俟，工竣之日，详细确查分析，题报户部，豁免可也。”[④]《铜陵江坝录》中详细记载了铜陵江坝修防用的土方量以及置田挖土所用经费，体现了江坝所用土料带来的影响。如修防铜陵头段江坝时，曾有这样的记录“计长七百四十七丈，计正土方二千九百三十方八分，计加步方二百二十三方（按百步外推加），共计土方三千一百五十三方八分”，“买田挖土，计足大钱十一千七百二文，正课一亩八分七厘二毛三丝”[⑤]。民国时期，虽然战火燃遍江淮大地，但对江堤修防仍很重视，皖江地区修防江堤所用土料仍然巨大。同马大堤，历年培修，完成土工甚大，收益极巨。如宿松县在民国二十八年（1939年）到民国三十二年（1943年）每年

---

① 嘉庆《无为州志》卷五《水利志》，江苏古籍出版社1998年版，第74页。

② 嘉庆《无为州志》卷五《水利志》，江苏古籍出版社1998年版，第74页。

③ 嘉庆《无为州志》卷六《水利志》，江苏古籍出版社1998年版，第82页。

④ 嘉庆《无为州志》卷五《水利志》，江苏古籍出版社1998年版，第73页。

⑤ 陆树臣：《铜陵江坝录》，《中国水利志丛刊》，广陵书社2006年版，第21、23页。

完成土方分别为464 617公方、1 439 728公方、2 378 032公方、4 347 201公方和1 528 777公方[①]。

（三）堤岸的防护技术

自古以来，人们很重视对江堤的防护管理，在宋朝时，人们就在圩堤上栽种柳树以固堤基。清至民国时期，由于洪水灾害的加剧，皖江地区非常重视对江堤的防护和管理。由于堤岸易受风浪侵袭，皖江民众根据当地地形特点采取了一些防护措施。

一是植物护堤。为防新建堤遭受风浪破坏，皖江民众在筑堤的同时，还在坡上栽种草皮护坡。如临水坡无崩坍现象，不需要增补，以免伤草皮。除了栽种草皮护坡外，还在江堤堤脚外种植柳树、芦苇等植物，以削弱风浪的破坏。因为柳树和芦苇根深盘结，即可以稳固塘基，枝叶也有其用途。

自古以来，在滨江地带植树以护江堤就很受重视。《管子·度地篇》指出“树以荆棘，以固其地，杂以柏杨，以备决水”，说明古人早就知道种植混交林带固土护堤，且柏杨可以作为堵口的物料。堤防林所用的树木在各个朝代都有所变化，先秦时种植的主要是柏树、荆棘和杨树，汉宋时种植的主要是榆树和柳树。宋乾道年间，户部侍郎叶衡曾说长江沿岸圩堤“高广坚致，濒水一岸种植榆柳，足捍风涛”[②]。由于柳树“株根足以护堤身，枝叶足以供卷埽”，挡风防浪性能好、容易活且生长快，所以明代之后，人们一般都选择种植柳树作为江坝防护林。明代时，河臣刘天和总结了堤防植柳六法，即卧柳、低柳、编柳、深柳、漫柳、高柳，施行“植柳六法，以护堤岸”[③]。

长江流域堤防植林带的布局与黄河流域并不一样，虽同样植柳，但南北相异。清代长江江堤防务者认为“六柳多为河工法，须斟酌用之，堤面切忌栽植也”[④]。说明当时长江江堤修防时并不主张在堤面、堤坡、堤脚上种植柳树以防风浪，主要考虑到树根易腐烂，这对堤基是个威胁。“然柳树

① 安徽省档案馆:《安徽概览》,固始县印刷厂1986年印刷,第206页。

② 李卫华:《无为大堤志》,九州出版社2005年版,第232页。

③ 刘天和:《问水集》卷1《植柳六法》,(南京)东南印刷所1936年版,第20页。

④ 杨秀伟:《植树造林是水利的传统——堤防植树小史》,《中国水利》1983年第1期。

护堤有利有害，……朽根穿漏则为害。”因此，江堤堤面、堤身一般是不许栽植柳树，堤外植树也必须离堤要有一定距离。民国时，安徽省曾规定“修筑堤防时，应将地面或原堤表面上所有之草木、根株及其他杂物一律铲净”，防止堤上的草木等腐朽会损坏堤面。“堤防完成后，无论新筑、补修均应布种芭根草之类，俾资保护。堤外临河滩地应植矮柳，以杀水势，但不得在堤身种植大树，以免盘根伤堤。”[①]河工可以植高柳，但江堤应植矮柳，因为高柳盘根易伤堤，并且树大易招风，不利于护堤。

清至民国时期，皖江沿堤江岸种植柳树护堤已成为常态，一般修建江坝，都种植柳树、水草等以护堤。清代，铜陵县修筑江坝时曾记载：“善士函开坝脚宜栽柳树，根可护坝，枝可为薪等语斯诚，御水固坝之良法也。合行晓谕为此示，仰该圩董即著地保督同近坝农佃人等，一体遵照限令。今冬来春水涸之时，各在段内沿江坝脚浅涸处，所排列栽插柳树二三层，其栽法以五尺一株，柳根相距四、五、六尺，俾得根舒叶茂，仍随时加意保护培植，毋使猪蓄毁伤，以冀根本成大绿树阴浓，以御江潮而破巨浪，从此坝不当冲刷洗自缓斯，外患可平，坝身永臻巩固矣。如该处近坝人等有怠忽玩延不遵示栽植及有拔毁情事，许董保捆送来县，定即严行惩治决不姑宽，其各凛遵毋违，切切特示。”[②]从这段文字记载可以看出皖江地区对种植柳树护堤的重视程度。无为江堤的青山圩江坝的首端有个被称作“千棵柳”的村落，其名称就是源于其堤栽有大面积柳树的缘故。康熙年间，在修筑无为颜公坝时“二月起工，四月竣事，种柳四千余株”[③]，乾隆《望江县志》载古雷池江堤曾“栽柳万株”，乾隆《太湖县志》记载，乾隆十九年（1754年），太湖县的万柳堤因植柳万株而名为“万柳堤”。乾隆《望江县志》记载，修筑堤岸时“将堤岸、堤基、闸门等处修筑完固，补栽柳树菰茭以保无虑”[④]。这些都说明皖江沿岸栽柳防浪已成风。

柳树也是堵口常用的工料。历来政府都很重视对柳树的栽植，江南临河各堤内外向有官地，用以栽植柳树，以济工需。植柳之地，不许开垦。

① 《修正安徽省修守堤防通则》，民国二十年（1931年）颁发。

② 陆树臣：《铜陵江坝录》，《中国水利志丛刊》，广陵书社2006年版，第19—20页。

③ 李卫华：《无为大堤志》，九州出版社2005年版，第232页。

④ 乾隆《望江县志》卷八《艺文》，江苏古籍出版社1998年版，第621页。

雍正年间，江南河道总督孔毓珣具折奏请，令附近有地之民领垦种柳之地，俟五年耕熟后，重新载柳[①]。对堤上的柳树实行严格保护和管辖，违者惩处。民国时，为保护江堤上的植物，制定了相关规章制度，如禁止“铲伐堤上草皮树木”，“堤址至河岸区域内栽种之芦苇、茭草、杨柳，或其他灌木，有防止风浪之功效者，无论公有、私有，非在防汛期后不得任意采伐”[②]。这些都是保护江堤防护薪木的管理措施。

芦苇，多年生高大禾草，秆高1米~3米，径2毫米~10毫米，叶片长15厘米~45厘米，宽1厘米~3.5厘米。其嫩叶可以作饲料，嫩芽可以食用，其秆可建筑茅屋，是很好的固堤植物。芦苇在江堤外面的防护作用效果较佳。堤防前如果有宽达300米的芦滩，则波浪基本无法抵至堤防；如果堤防前有宽达100米的芦滩，则波浪至堤防时会低约一半，护岸效果很好[③]。芦苇的这种护堤效果，古代民众早就认识到了且加以利用。范成大的田园诗就提到长江流域农民种植芦苇护堤的场景：“斟酌梅天风浪紧，更从外水种芦根。”[④]一般来说，筑堤之初，芦苇的种植最重要。清乾隆间钱泳总结道：“增筑堤岸，亦有法焉。必今年筑若干，高取葭菼以蔽之。明年增若干，高插水杨以护之。后年增若干，高取罱泥以益之。三年之后，草木根深，堤岸坚固矣。”[⑤]皖江民众在修筑堤防时，也非常重视芦苇等水生植物的防护作用。特别是在柳树等毁坏时，更加注重对芦苇的栽植。因为相对芦苇来说，柳树成林成材时间较长，且成木较高。而芦苇一般在江堤滩前自生且易长。道光年间，繁昌县“自旧县□至三山镇，江心皆有芦洲，洲之内为夹江，洲以外为外江”[⑥]，“东西北滨江，地势污下，芦苇易生”[⑦]。即使在堤面上对堤防造成危害不是太大，“救急之计，莫如培厚加高；为将来保固之谋，莫如栽植芦苇。芦栽肥地，高至二丈有余，瘠地亦高丈许，又最稠

① 《雍正朝汉文朱批奏折汇编》，江苏古籍出版社1998年版，第191页。

② 《中华民国水利法》，民国三十一年（1942年）七月颁布。

③ 段绍伯：《上海自然环境》，上海科学技术文献出版社1989年版，第82页。

④ 范成大：《范石湖集》卷二七《春日田园杂兴十二绝》，上海古籍出版社2006年版，第372—376页。

⑤ 钱泳撰，张伟点校：《履园丛话》卷四《水学》，中华书局2006年版，第102页。

⑥ 道光《繁昌县志》卷一《舆地志》，江苏古籍出版社1998年版，第28页。

⑦ 道光《繁昌县志》卷五《食货志》，江苏古籍出版社1998年版，第81页。

密，堪御风浪，保卫堤塍，无逾如此”[①]。因此，后期人们更加重视芦苇对堤防的防护作用，采取蓄芦防堤。这在方志文献资料中的记载较多，如庐州的“临湖之埂尤须劝栽庐苇茭草，以御风浪”[②]，宿松的杨柳洲“杨堤纡曲，苇茭丛生”[③]，安庆桐城老洲头“滨江一带芦苇百里，远近皆湖”[④]。

二是修筑防浪戗台。长江安徽段的堤岸常遭受高水位威胁，加以水面宽广，风浪较大，极易崩塌。为防风浪对江堤的直接侵袭，皖江民众常在岸堤的迎水面筑外戗防浪。主要是在“岸外再筑圩岸一层，高止一半，如阶级之状。岸上遍插水杨，圩外杂植菱芦茭，以防风浪冲激”[⑤]。如清代时，皖江在大公圩堤埂上筑品字墩挡浪，效果甚佳。其做法为：“土墩宽阔数亩许、叁伍错综如品字形，上植柳苇，下浚鱼池，虽有潴涨至此，岐分纵通，驶流不能冲突，一举而三善。”[⑥]

三、清至民国时期联圩并圩技术的发展

皖江地区深受长江洪水的影响，皖江警戒水位，宿松汇口20米，大通14.5米，芜湖11.2米，马鞍山10米。另外，由于江北主要是河漫滩冲积平原，其江堤易于崩坍。因此，防御江洪是皖江地区的首要任务。清以前，人们为了加强对圩区的保护，就已开始通过联圩防洪。将一些小圩联并起来，形成大圩，统一在大的圩堤之下圈筑而成。如当涂县在宋绍兴二十三年（1153年）时“宣州水泛滥至境，县诸圩尽没”[⑦]，地方官开始着手联并圩田形成大公圩。清以后，皖江联圩并圩措施得到了快速发展，且与江堤建设结合起来。这种将沿江诸圩堤岸联结起来，从而在沿江一带形成一线江堤，具有代表性的有同马大堤和无为大堤。

安徽长江北岸的同马大堤是同仁堤和马华堤的合称，其横贯宿松、望

---

① 姚诗德：《巴陵县志》卷三四，光绪十七年（1891年）岳州府四县本。

② 光绪《续修庐州府志》（一）卷十三《水利志》，江苏古籍出版社1998年版，第199页。

③ 民国《宿松县志》（一）卷二《地理志》，江苏古籍出版社1998年版，第66页。

④ 康熙《桐城县志》卷二《风俗》，江苏古籍出版社1998年版，第68页。

⑤ 徐光启：《农政全书·东南水利》，上海古籍出版社1979年，第346页。

⑥ 庄华峰：《古代长江下游圩田志整理与研究》，安徽师范大学出版社2014年版，第165—166页。

⑦ 杭宏秋：《简论安徽沿江圩埠的历史演变》，《中国农史》1988年第4期。

江、怀宁三县，是在晚清时期逐步联结而成的。据《宿松县志》载，宿松县“清开国之初，江水安澜，邑境居民防旱多而防潦少，道光后，江潮迭溢，于是外而沿江数百里之长堤先后修筑，内而滨湖各村庄地亩亦均筑围自保”[①]。沿江长堤的修筑是将各圩堤联结起来，增高加固，形成一线长堤。枞阳至安庆为广济圩堤，长约百余里，筑于清代晚期。怀宁至华阳间长堤长120余里，将怀宁、望江沿江小圩联结在一起；华阳以西江堤长160余里，分段修筑于道光至光绪年间。民国三年（1914年），同马大堤基本形成，成为宿松、望江、怀宁等沿江圩田的防洪屏障。

无为大堤位于长江下游大通至西梁山河段的左岸，为巢湖流域的防洪屏障。堤线上起无为县的牛埠镇，下讫和县的黄山寺，总长120余公里，跨无为、和县[②]。明初无为大兴水利，“江滨浮涨，日就垦辟，遂于沿江二百余里筑长堤，以捍江潮”[③]，明代文献记载最早的无为江坝为走马滩坝，距城五十里，“明正统间州守王仕锡劝民筑堤三百丈，行者便之”[④]。明正德年间，在无为州江岸的上段筑成胥家坝，“原隶内地，后经冲坍，距北岸已隔夹江数道，今从古家碾南望江面二十余里，有旧坝遗址”[⑤]。后来由于江水的冲刷，又先后修筑一坝、二坝、三坝。清代，无为江坝继续退建和培修，经过乾隆三十年（1765年）的“鼎修全堤”后，基本奠定了无为大堤的雏形。乾隆五十三年（1788年）后又增筑七坝、八坝、九坝。经过不断退建和修筑联并，到清末时形成上自青岗寺，下讫乌江马河的长堤，成为无为及周边沿江地带的重要防护屏障。

四、清至民国时期水利工程材料的改进

材料的质量决定工程的坚固程度，因此，水利工程材料的取用是堤防工程中的重中之重。江堤的修防主要还是以土方为主，尤其是在清之前，除了涵闸外，基本都是采用土方修筑水利工程。清以后，随着经济和科技

① 民国《宿松县志》(一)卷二十《水利志》,江苏古籍出版社1998年版,第408页。
② 李卫华:《无为大堤志》,九州出版社2005年版,第1页。
③ 嘉庆《无为州志》卷二十六《艺文志》,江苏古籍出版社1998年版,第320页。
④ 嘉庆《无为州志》卷六《水利志》,江苏古籍出版社1998年版,第82页。
⑤ 嘉庆《无为州志》卷六《水利志》,江苏古籍出版社1998年版,第78页。

的发展，水利工程修筑材料不断得到改进。

一是改土堤为石堤。圩堤的坚固程度是其防洪效果好坏的一个重要因素。因此，加固堤防是人们治理江堤的主要举措。皖江民众为了加固堤防，开始将一些堤防的用料由泥土换为石板。清代巢县的中埠圩堤就是用石条垒砌起来的，以糯米稀拌石灰膏泥砌接，其堤顶一般均超过洪水位一米左右，有效地阻挡了洪水的冲刷。巢县的贾塘圩原系土圩，每年春涨，“湖波泛溢，风涛震撼”，圩堤时刻岌岌可危。因此，当地人们决定“伐石于山，运土于河”[①]，以石甃于堤外，土填实于中。江堤上一些斗门和涵闸明显增多，且都用坚石造之。安徽和县铜城闸，明初改建时易木为石，“闸之两端叠石为台以御迅湍”。清代乾隆年间又进行大修，“其丈尺规模如旧，上加石三层，视旧高三尺有奇”[②]。经过这次大修，该闸一直使用到民国。无为县在治理江堤崩坍时，人们就曾建石支治理江坝崩坍。道光十二年（1832年），为缓解无为县鲍家桥一带的江坝崩坍，知府刘易为在胡家沟一带兴支水矶工程。“盖土与水相敌也，水胜土不能御，求御之之法惟石足以敌之。在坝堤顶冲处建石支以御北冲之势，且石可挑溜南行，以射沙洲之患”[③]。

二是用料多样并细化。人们在修筑堤防过程中，根据地形特点以及技术要求，其用料呈现多样化。除了用土、木以及石料外，开始采用其他物料，如米浆、石灰浆等。且还注重混合使用，以增强固度，如在土料中增加石灰。清代对于修堤的用料规定是“其拣料务慎。凡石有筋纹者悉去之。其比次縩固。凡两石相交，则以铁锭□之。其筑土用半灰，其石隙灌米汤，共添石七百余□，用灰二十万斤，木三百余根，上糯米四十石，铁五千八百斤，石木工二万，粗工倍之。尚有余资”[④]。在用石料中，时人也会细化，区分为麻石和散石。如光绪年间，铜陵县修筑皇兴圩的石闸斗门时，用麻石一百二十三丈七尺一寸五分，散石一千二百二十担，石灰三百五担五十六觔[⑤]。

最后，最重要的还是水泥、钢材等新型材料的引进。水泥、钢材等新型材料是水利工程建设中的关键材料，它们保证了堤防工程的坚固度和质

---

① 道光《巢县志》卷一五《艺文》，江苏古籍出版社1998年版，第434页。

② 光绪《直隶和州志》卷六《河渠志》，江苏古籍出版社1998年版，第122页。

③ 光绪《续修庐州府志》(一)卷十三《水利志》，江苏古籍出版社1998年版，第186页。

④ 光绪《直隶和州志》卷六《河渠志》，江苏古籍出版社1998年版，第122页。

⑤ 陆树臣：《铜陵江坝录》，《中国水利志丛刊》，广陵书社2006年版，第48页。

量。民国时期，水泥和钢材开始广泛运用于水利建设中，且这一时期已开始在工程中实施水泥灌浆技术。新型材料的运用大大提高了皖江堤防的建设效益，为皖江农业生产和民众的生命财产提供了重要的保障。

第三节　皖江江堤治理技术——以清代无为江坝治理为例[①]

一、清代无为江堤治理理论

无为江堤的崩坍及其治理活动贯穿了整个江堤的形成、演变、发展的历史过程。纵观整个清代，对江堤的治理主要是弃地退建。由于人口增多，人们对江堤周围的洼地几乎垦尽，而这些开垦的圩田成为人们赖以生存的根本以及政府赋税的主要来源，这给江堤治理所需要的空间和土料带来了挑战，人们不得不重新思考如何来治理江堤崩坍。当时其治理理论主要有两个：

其一是“鸡心挑溜”与“挖洲防溜”理论。清代，人类就已经开始认识到江中沙洲的出现会对江流方向产生影响，并且会加大流水对江堤的侵蚀性，加剧江堤崩坍的危险性。乾隆时期，无为州守范从彻就指出“前明时涨发新洲，横亘江心，致江水折而北趋，江北沙滩日被冲刷。……奈江南之洲滩日长，江水北埽日甚”[②]。嘉庆时期，无为州守张侨也认为沙洲的出现会“阻遏江流，水趋北岸，堤根冲刷溃溢”[③]。无为江堤部分地段崩坍严重，如何治理江堤的崩坍，时人根据已有的知识和技术提出了不同的看法。既然江中的沙洲对水流产生影响，何不利用沙洲来改变水流方向，使之朝着对江堤有利的方向流动，减轻对江堤冲刷的力度。明末清初时，就有无为州人提出了“鸡心挑溜”之法来治理江堤。此理论就是在水流激烈的地方，利用沙洲演变的原理，人为促使或加速沙洲的形成，从而使江水

① 该节内容主要参考房利，惠富平《清代安徽无为江堤治理研究》，《中国农史》2014年第5期。

② 嘉庆《无为州志》卷五《水利志》，江苏古籍出版社1998年版，第72—73页。

③ 嘉庆《无为州志》卷二十六《艺文志》，江苏古籍出版社1998年版，第320页。

主水流方向发生偏转，把江水支开，以减轻其对江堤的冲刷。当时无为州人根据“鸡心挑溜”理论曾成功治理内河河岸的崩坍，所以，清代时，无为州人认为此法也同样适用于江堤崩坍的治理。乾隆三十年（1765年），张侨在《江坝章程序》记载：“而前府丞王又朴以为，欲固堤工，必先谋杀水势。于是集议，仿河工法，于险要处积石支水，挑溜南行，于斗绝处沉沙种洲，培壅根脚。”[①]既然沙洲对江流主流方向和深泓道产生影响，使江面变窄，加剧对江堤冲刷力度，何不利用人力减少沙洲的存在，截弯取直，使江面变宽，减轻水流对江堤冲刷力度。时人又据此提出“挖洲防溜”之法来治理江堤崩坍，就是将江中的沙洲挖去，使江面变宽，江流也就随之流畅，从而缓解江水对江堤的侵蚀。

其二是“弃地让水、迁河筑坝”理论。清代，一遇江堤崩坍，基本都是采用退建江堤的方法来阻遏洪水。但随着江堤周围田地被开发殆尽，没有留下一定面积的蓄洪地，江堤退建的空间范围很小。乾隆二年（1737年），无为知州范从彻在多次亲自勘察江坝，传集当地绅士耆老商酌的基础上，提出“弃地让水、迁河筑坝”理论。他在给安徽巡抚孙国玺的《议禀开河筑坝折》中明确指出：“从前江水顺流，堤外沙滩拥护，可以无恐。……坝日迁，地日促……奈江南之洲滩日长，江水北埽日甚。……盖以江流冲激其势甚猛，又俱沙土势必随支随刷，甚无益也，今惟弃地、让水、迁河、筑坝切近可行。”[②]由于迁河筑坝，必然弃地让水，涉及当地百姓与官府的利益，如何处理这种利益格局，使利益最大化，范从彻认为：“开浚古河不无少损田庐、坟墓之处，附近居民狃处堂之智，必多哓哓。顾成大利者，不惜小害，当俟临期，酌议周恤惟是。”[③]清代在治理无为江堤的过程中，历任知州、督抚无不按照范从彻的理论进行，并取得了一定的效果。

二、清代无为治理江堤的实践

纵观清代治理江坝实践过程，时人主要采取了如下两种方式：

① 嘉庆《无为州志》卷二十六《艺文志》，江苏古籍出版社1998年版，第320页。
② 嘉庆《无为州志》卷五《水利志》，江苏古籍出版社1998年版，第72—73页。
③ 嘉庆《无为州志》卷五《水利志》，江苏古籍出版社1998年版，第73页。

其一是“种洲支水”与“挖洲行水”。最先采用“鸡心挑溜”之法治理无为江堤的是知州陈庆门。雍正年间，陈庆门鉴于无为江坝上段“前人筑坝常没于水，”于是“于鲍家桥、鳍鱼口二处，树桩编竹，实土为坦坡，又取乱石填掷水中，水停沙淤，久而成洲，民免垫溺之患”[①]。这是利用“种洲支水”方法护岸。“种洲支水”属于“鸡心挑溜”理论之一，就是根据泥沙淤积的道理沉石或沉船于江中，以减缓水流，使泥沙在周围能够淤积下来，从而导致新的江洲产生，利用生长的新洲改变水流方向，达到护岸的目的。乾隆十四年（1749年），无为江堤鲍家桥一带由于江水的冲刷，又出现严重崩坍现象，急需治理。同年庐州府同知王又朴与无为州署州王名标决定援河工“鸡心挑溜”之法治理江水，于是向安徽巡抚卫哲治请示。获准后，他们“将岁修圩夫一半折价得银三千三百余两”作为治理江堤资金。整个工程由两部分构成，分别为建支水矶与沉船种洲。首先是买石沉江建支水矶以固江堤。当时建成支水矶两处：一是在古家碾，矶长12丈，后加筑土堤18丈；二是在夏家垴，矶长7.50丈，后加筑土堤33丈。并在鲍家桥上游沉船种洲，用船五只。两项工程“用石十万石”，期能达到“固基抵突”的效果，但由于“洪溜汹涌，石矶不支，伏秋大汛，江仍北埽。所种沙影被冲附南，反为坝害”。后来，同知王又朴又要求“须于两支水矶下数里或十数里，逐年增建支水，庶能助石堤以挑溜”，但这一建议并未得到无为知州陈文言的同意。陈文言认为整个工程“已用银三千余两，又欲逐年建造，而圩夫额数无可增加，既一半折价修矶，其余一半安能筑沿江二十里之大坝？况将添建新堤，复何夫可动乎？”[②]此后，又有人提出增建支水矶的建议，都未得到允许。

无为江坝经过乾隆三十年（1765年）的培修后，江岸崩坍仍然威胁江坝安全，特别是鳍鱼口一带的江坝。但是“濡郡江坝连溃，欲捍筑无地取土，工役维坚”，乾隆三十四年（1769年），安徽巡抚冯钤“轸念民依，亲勘得江水斜溜，缘江心有太阳洲阻塞，下流不能顺势，逐致回啮坝址，屡为倾圮”，于是决定挖洲行水，“议于太阳洲首大为开浚，使其势不触流回溜，庶坝基可固，而水患可弭。并以所浚之土，舟载渡江，增筑北岸，更

① 《清史稿》卷四七七《列传·循吏二》。

② 嘉庆《无为州志》卷六《水利志》，江苏古籍出版社1998年版，第81页。

为一举两得”。乾隆三十四年（1769年）春，无为州守张侨组织实施该项工程。然而“累二三月，洲势低豁，疑为有益，岂知洲根深固，又本以壅聚沙土而成，督役虽严，而旋浚旋淤，力勤效少”。至于用船所载之土，又多属细沙，散松而不牢固，不可用于坝堤。五六月时，江水猛涨，工程被迫中止。是年无为州发生水灾，田庐被淹。灾后，“迨水定视洲，洲仍如故，故劳民伤财，无济于事。”乾隆五十四年（1789年），又一道员坚持重新实施挖洲工程，但不足一月间，“其弊视前，此为尤剧”，于是公认“挖洲一役于江坝毫无裨益”[①]。

道光十二年（1832年），庐州知府刘易为在无为州棕三庙（胡家沟一带）又兴建支水矶工程。这是清代无为江坝最后一次实施崩岸护理工程。工程实施后，所建支水矶“已有小效，石支下淤成小堤，冲出江心，未始非石支之力。若接长四五十丈，对面诸洲可尽冲溃矣”[②]。

其二是“开河迁堤”。乾隆年间，由于无为江堤不断崩坍，特别是无为上段的鲍家桥至姚沟一线崩坍剧烈，无为人不得不一再退建江堤，但是由于已退建到西河附近，无地可筑，这迫使西河必须改道，实行开河迁堤。这项开河与筑坝合一的工程，从范从彻提出设想开始，一直到乾隆五十九年（1794年）竣工，前后历时57年。由于这项开河迁堤工程涉及人们的根本利益，人们就工程的路线走向提出了不同意见。无为州守张侨在《开上河议》中对此进行了详细论述，他指出：乾隆初年，众人就上、中、下三条古河道就何处开河而引起议论。生员范允岱、耿遇房，监生胡炳议最有远见，力主开浚上河筑堤，因为上河离江水较远，可以更多为江堤退建提供余地，可以一劳永逸，但这会损失更多土地。生员洪继性议主中河而附近居民则力主下河，原因是都想把自己的田庐置于河堤之内，受到保护。若开浚下河，可能二十年后又须另开河道，若开中河，恐不过十年也要另开河道，这样“开河倍加耗费”，所以“愚见敢以上河为请”[③]。开浚上河的方案最初没有得到政府的首肯，原因在于这条路线让地太多，势必会影响官府的赋税收入，同时，工程规模大，动用人力物力无疑会影响其他堤

① 嘉庆《无为州志》卷五《水利志》，江苏古籍出版社1998年版，第77页。

② 光绪《续修庐州府志》卷十三《水利志》，江苏古籍出版社1998年版，第186页。

③ 嘉庆《无为州志》卷五《水利志》，江苏古籍出版社1998年版，第74页。

防工程修筑，并且移民安置和让地户主的生计问题都需要解决，这迫使该工程先从下河开始实施，而江势的变化最终导致工程不得不分为三个阶段进行。第一阶段为乾隆十一年（1746年）开浚下河工程。经过下河工程的实施，一方面使西河的这一河段被裁弯取直，河流流势通畅，利于江堤维护；另一方面，为后期的江堤退建留出了较宽松的余地，为后来建成的退建堤、内护堤提供了条件。第二阶段为乾隆五十三年（1788年）动工的上河工程中的第一期工程——月河工程。由于无为江坝上段继续崩坍，此段江坝又面临退建无地的局面，必须重新弃地开河筑坝，因此安徽巡抚书麟向朝廷奏请实施月河工程。月河工程的实施，使获港圩一带“坝基得八十余丈”[①]。为后期的七坝、八坝、九坝的建设提供了土方和空间。第三阶段为上河工程的第二期和第三期。第二期工程为引河工程。乾隆五十八年（1793年），月河又将面临沦没，引河工程由安徽巡抚朱珪奏请并亲自督工完成。但是开浚的引河“通水让地筑坝有基，实为救急之计”[②]。同年，由于江水涨发，张谢圩、永成圩一带江滩外陷，江堤崩坍，而这时又无地可筑，形势危急，已上任为两江总督的书麟根据亲勘无为江坝的情形，决定上书朝廷实施上河工程中的第三期工程。同年冬，该工程开始实施。乾隆五十九年（1794年），工程完工，上河河道全线贯通。上河通水后，“水势深通，舟楫往来畅顺”[③]，并“泄黄、白二湖及州西南诸山之水”[④]。整个上河工程的实施，为以后无为江堤的退建留下了余地，对后期江坝的稳固和修防有着十分重要的意义。

三、清代无为江堤治理工程的思考

清代无为州的治江措施，对于江堤维护具有一定的参考价值，但这些措施在当时也引起了一定的争议。乾隆年间实施的“种洲支水”和“挖洲行水”，其结果的失败，被认为“有损无益”，应当“自此永行停止”。对于

① 嘉庆《无为州志》卷五《水利志》，江苏古籍出版社1998年版，第74页。
② 嘉庆《无为州志》卷五《水利志》，江苏古籍出版社1998年版，第74页。
③ 嘉庆《无为州志》卷五《水利志》，江苏古籍出版社1998年版，第75页。
④ 嘉庆《无为州志》卷五《水利志》，江苏古籍出版社1998年版，第75页。

乾隆年间实施的“种洲支水”与建支水矶的失败原因，根据史志记载，其主要原因在于三点：其一是工程浩大，需要的物资和人力不能得到有效保障。由于其工程已用银三千余两，而这些银两是用当时无为岁修江坝圩夫一半折价而来的。当时同知王又朴曾提议再续建支水矶，考虑后期江坝修防费用，无为州守陈文言并未支持此项工程。其二是河工之法不适于江工。“鸡心挑溜”之法从技术上讲不适于治江，“江工非河工比也，河患上倒，底有泥沙可聚以成基，江患下刷，根皆活沙易浚而成窟，顶冲之下，深不可测，断难钉椿立脚”。其三是工程质量存在问题，且腐败现象严重，导致工程成为“豆腐渣工程”。当时所建工程为“根系土筑，碎石墁顶，并非通身用石砌成。每伏秋汛至水高于支，碎石易冲，水退后载石难补，徒劳民力”，再加上工程“所收捐费数千金，徒供不肖中饱”，所以时人认为“洪涛巨浪之冲，只宜退让，难与进争，区区十数丈堆砌之矶，安能砥柱中流挑溜南徙耶。至于种洲，旋种旋坍，尤为劳费无益”[①]。

清代，无为州人用“鸡心挑溜”之法治理江堤未成功，认为此法适合河工不适于江工。难道真是如此吗？无为治江工程的措施，促使人们重新思考治江工程，“州境有内外两患……欲求所以治之，非外建石支、内造石闸不可。如外建石支，内闸不造，虽坝堤巩固，江水内灌，圩堤受害矣。若内造石闸，外支不建，坝堤崩溃，圩堤莫保矣”[②]。并指出“盖土与水相敌也，水胜土不能御。求御之之法惟石足以敌之。在坝堤顶冲处建石支以御北冲之势，且石可挑溜南行，以射沙洲之患。沙洲崩，土必北徙成洲矣”[③]。道光十二年（1832年），庐州知府刘易为在无为胡家沟建支水矶工程，此次工程“已有小效，石支下淤成小堤……若接长四五十丈，对面诸洲可尽冲溃矣”[④]。因此建议在无为江坝“建石支必收其效也。自临江埂至黄丝滩、蚊子港止一百五十余里均系险工，形如偃月，受对洲江溜冲刷。若建石支，通境江堤永无外患矣”[⑤]。同时，对于乾隆十四年（1749年）王又朴的治理江堤行为也作出了肯定评价：“此诚可大可久良法，至今颂德歌

① 嘉庆《无为州志》卷六《水利志》，江苏古籍出版社1998年版，第81页。
② 光绪《续修庐州府志》（一）卷十三《水利志》，江苏古籍出版社1998年版，第186页。
③ 光绪《续修庐州府志》（一）卷十三《水利志》，江苏古籍出版社1998年版，第186页。
④ 光绪《续修庐州府志》（一）卷十三《水利志》，江苏古籍出版社1998年版，第186页。
⑤ 光绪《续修庐州府志》（一）卷十三《水利志》，江苏古籍出版社1998年版，第186页。

功。若能如是行之，不独州内外患除，田亩无恙。”[①]从方志文献了解到的情况看，此工程在乾隆十四年（1749年）的失败，是由于许多客观原因造成的，但并不能说明“建支水矶”和“种洲支水”不适用于江工。另外，尹玲玲在《明清两湖平原的环境变迁与社会应对》中指出：“明代人不仅对沙洲淤涨坍消演变的原理进行了阐述，而且已开始运用这一原理人为干预洲港演变，以使其向自己所希望的方向或者说对自己有利的方向改变。”武昌府的“陈公套”的出现，就是人为干预沙洲演变的结果。另外，明末沌口沙洲的形成和扩大也是人为利用沙洲演变原理的例证[②]。从这可以说明在明代时就有人利用“鸡心挑溜”之法干预沙洲演变，达到治理长江的目的。

1949年之后，无为治理江堤开始逐步由江堤退建进而采取护岸保堤的办法，并取得了显著效果。当时的护岸方法主要有丁坝护岸、沉排护岸、工沉柳护岸、小颗粒石料护岸、土工编织布沙袋护岸以及平顺抛石护岸。这些现代的护岸工程方法与清代无为“鸡心挑溜”的原理是一样的，都是利用江沙淤积原理，人为干预沙洲演变，从而有效地控制江岸崩坍，稳定了河势，对于确保无为江堤的防洪安全发挥了重要作用。

纵观清代无为江堤的治理，笔者认为其中的一些经验教训值得我们深思。首先，过度围垦是无为江堤不断崩坍的根本因素。清代由于人口的激增，促使人们向沿江附近的河湖滩地进行围垦，围湖垦殖、与水争地达到高峰。这些河湖滩地原本是江水的泄洪过渡地带，对其开垦，使江堤直接面临洪水的冲击。另外，河湖滩地的围垦使江堤的兴修所需空间缩小，土料减少。乾隆年间无为迁河筑堤的工程就是在筑堤空间不足、土料紧张的情况下被迫进行的。实施上河工程时对堤线方向的争论，体现了不同利益者的博弈，实际上就是由于过度垦殖，使沿江滩地都被开垦成田地，已经无筑堤空间。而筑堤势必影响田地的荒废，从而才有清代无为迁河筑堤的三段工程。滩地上面生长的芦苇、柳树等植物对江堤能起到坚固根基的作用，而新建的退建堤重新种植的植物还未长大可能又被洪水冲垮，达不到应有的护堤效果。面对洪水对江堤的不断冲刷，人们被迫一次又一次地退

① 光绪《续修庐州府志》(一)卷十三《水利志》，江苏古籍出版社1998年版，第186页。

② 尹玲玲：《明清两湖平原的环境变迁与社会应对》，上海人民出版社2008年版，第188—189页。

建江堤，其根本因素在于过度开垦，使生态环境恶化，而生态环境恶化又导致泄洪不畅，沙洲增多，形成恶性循环。清代政府官员、士绅和农民在面对江堤治理时，没有清楚地认识到这一点，这才被迫一次次退建江坝。其次，清代政府财力有限以及吏治腐败也是导致江堤治理失败的重要因素。清代无为人在谈到“种洲支水”失败原因时也认识到江堤治理与政府财力和人工有很大关联。清代，无为江坝有官坝、民坝之分，同样，其施工性质上，又有“官工”“民工”之别。政府在江堤治理时一般主要承担官坝，而民坝需要民众自己承担，这样的管理方式并不利于江堤的治理与维护。在江堤培修过程中，一些官员中饱私囊的腐败行为导致工程出现了许多问题。无为州人何大观对此曾说：“筑则必有州佐巡司董其役，则忧在骚扰；筑则必用圩首及都圩首，富者思脱，疲者难代，则忧在失人；至吏胥有舞文之弊，绅衿有躲差之弊，土人有包揽之弊。工之不力，坚瑕各半，虽筑犹未筑耳，而其害岂可胜言哉？”[①]最后，水利知识和技术有限也是一个因素。清代无为州人的种洲和挖洲行为的失败就是因为水利知识和技术的缺乏，认识这些经验教训对于我们今天的江堤建设至关重要。

① 嘉庆《无为州志》卷六《水利志》，江苏古籍出版社1998年版，第81页。

第三章　清至民国时期皖江堤防建设中的役夫与经费

清至民国时期，皖江堤防水利工程较多，除了岁修江堤之外，还有汛期堵口复堤以及涵闸添设之工等。如此繁杂的堤防工程离不开役夫的派征和经费的筹措，正所谓“险要工程，全在兵夫齐集，工料应手，昼夜抢护”[①]。“水利之兴，莫急于财力。”[②]因此，修防水利过程中，役夫和经费是非常重要的一个保障。

关于堤防工程役夫和经费的研究已为许多学者所关注，周魁一《中国科学技术史·水利卷》第五章第四节《经费的筹集与使用》重点讨论了河工的劳役与经费的问题[③]。刘丹、陈君静对清代宁绍地区海塘修筑的经费来源与筹措方式进行了探讨[④]。熊元斌对清代江浙地区的水利经费筹措和劳动力派征方式进行了叙述[⑤]。廖艳彬探析了明清时期鄱阳湖流域的农田水利建设经费的来源[⑥]。张建民以长江流域为中心对明清时期农田水利的役夫、经费的原则以及水利经营进行了详细论述[⑦]。李卫华在《无为大堤志》第十七章中专门论述了历史时期无为江堤修筑的经费和工役来源[⑧]。这是一本对皖

① 白钟山:《豫东宣防录》卷二,《中国水利志丛刊》,广陵书社2006年版,第197页。

② 钱泳:《履园丛话》(上),《历代笔记小说大观》,上海古籍出版社2012年版,第73页。

③ 周魁一:《中国科学技术史·水利卷》,科学出版社2002年版,第449—462页。

④ 刘丹,陈君静:《试论清代宁绍地区海塘修筑的经费来源与筹措方式》,《中国社会经济史研究》2010年第4期。

⑤ 熊元斌:《论清代江浙地区水利经费筹措与劳动力动用方式》,《中国经济史研究》1995年第2期。

⑥ 廖艳彬:《明清鄱阳湖流域农田水利建设经费来源探析》,《农业考古》2013年第4期。

⑦ 张建民:《试论中国传统社会晚期的农田水利——以长江流域为中心》,《中国农史》1994年第2期。

⑧ 李卫华:《无为大堤志》,九州出版社2005年版,第433—443页。

江地区江堤修筑经费与役夫分析比较详细的专著，比较可贵。

笔者通过考察发现，以往学者在考察堤防工程役夫、经费问题时，主要以黄河、太湖地区为重点，涉及皖江地区不是太多，因此，本章以相关方志资料为基础，重点探讨清至民国时期皖江地区江堤建设经费来源问题，总结经验教训，以期为现如今的堤防建设提供历史借鉴。

第一节　清至民国时期皖江堤防建设中的役夫派征

清代，安徽沿江江堤工程仍和明代一样，有官坝、民坝之分。在江坝工程的性质上，有“官工”“民工”之别。正因为这样的区别，在江堤修防过程中出现了官府承办、民办官助、官督民修、民力民办等多种江堤工程实施形式，江堤修防中役夫的派征方式同样出现多样化。

一、徭役制向圩夫、粮夫制的过渡

明代，水利工役征派主要是通过徭役制，一般是由塘长或圩长专门负责组织和督率农田水利事宜，塘长可以按里甲制度轮流派征徭役。明中期后，随着赋税制的改革，里甲制开始崩溃。清代，皖江江堤劳役制度较明代更为完善，当时的江堤劳役大致分为圩夫、粮夫两类。“坝工每春督以岁修，间年酌为新筑。岁修额用圩夫，新筑派用粮夫”[①]。岁修工程量相对较小，因此按田起夫。新筑江堤或防汛工程，工程规模较大，需要的劳动力较多，所以要按粮起夫。圩夫、粮夫制是按照田地的多少规定出派劳动力。在这种制度下，一些占有大量土地的地主也不得不按田出役，相反，无地或少地的农民则可以减少或免除徭役，这样无形中调动了役夫的积极性。按田起夫是在徭役制基础上的改革，是均田均役的体现。

皖江地区对于圩夫派征的标准有具体的规定，如无为州“江坝虽属绵长，然每年岁修地段究不比创建生工，向来额设圩夫六千三百五十九名，毋论土方多寡，例应供役，每名仍缴椿柴工费钱七十文”[②]。“照粮摊派不

① 嘉庆《无为州志》卷六《水利志》，江苏古籍出版社1998年版，第79页。

② 光绪《续修庐州府志》（一）卷十三《水利志》，江苏古籍出版社1998年版，第192页。

下万余夫，民力民办，事最易集，后乃视为年例。”[①]无为州按纳粮一万五千石或一万八千石的粮额，派用粮夫一万余名。

圩夫制、粮夫制在皖江地区比较普遍。安徽宿松的同仁堤与湖北、江西相连，道光十八年（1838年）“鄂委道员查请帑修筑，工竣编列和、亲、康、乐、安、平六字号，劝谕黄梅、宿松、德化（今名九江）业民各按田亩分段岁修保固，如遇大工仍由梅邑向鄂请款修筑”[②]。无为州的陈公堤“乾隆七年后所筑，堤坝仅存十之一二，十九年州守陈文言因绅士蒋志昂等请详照粮派夫一万五百三十三名零。以八千五百七十名自六坝尾至何家垴筑堤，长二千七十三丈，底宽九丈，顶宽三丈，高一丈四五尺不等。以一千七百五十名在季家圩筑堤，长四百四十七丈，高宽同前。以二百一十三名零在文思庵前筑堤，长三十八丈六尺，高宽同前。委吏目王敏鉴、土桥巡检张琪、黄洛巡检程士棠督成”[③]。

二、雇募制的出现

至于雇募制，学界对河工劳力征派论述较多。周魁一在论述清代河工制度变化时论及了由三派夫到雇夫的过程[④]。张建民在研究明清时期农田水利建设时指出：“明代以前以征发徭役方式调拨劳动力修建水利设施是普遍的，江浙地区还结合里甲制设有塘长、该年之类职役，专门负责组织率领人夫赴水利修建之工。随着社会经济的发展、里甲制度的衰败，按里甲征发力役的办法逐渐行不通了，募雇制应运而生。……受益原则确立后，雇募制更多地被应用了，无论南方北方，河渠疏浚、圩垸修防、陂塘维修，在这方面的变化的方向是一致的。”[⑤]具体到皖江地区的雇募制在明清时期也已经出现，特别在一些大型水利工程中比较明显。史志记载，同治九年（1870年），无为发生水灾，江坝溃破，灾后知州王鸿飞实行大规模堵口复

① 嘉庆《无为州志》卷六《水利志》，江苏古籍出版社1998年版，第79页。

② 民国《宿松县志》(一)卷二十《水利志》，江苏古籍出版社1998年版，第408页。

③ 嘉庆《无为州志》卷六《水利志》，江苏古籍出版社1998年版，第79页。

④ 周魁一：《中国科学技术史·水利卷》，科学出版社2002年版，第451页。

⑤ 张建民：《试论中国传统社会晚期的农田水利——以长江流域为中心》，《中国农史》1994年第2期。

堤工程，其劳役采取“按方津贴，谕董募夫”[①]。在利益原则确立后，雇募制更加普遍。如在道光年间，安徽铜陵县江坝溃破严重，以“定价雇夫，分段承办，量定土方”[②]进行修筑。光绪十三年（1887年），铜陵江坝损坏严重，县令“以工程既大，用夫必多，请改土方一百五十位二百文，速于招夫，易于集事”[③]，招集临邑壮夫四千余名培修江坝。正常岁修时，劳力的摊征，除“按田出夫”外，更多采用“业食佃力”[④]的办法。

民国时期，皖江地区江坝修防劳力的派征方式，基本沿袭清代模式，大致分为正常年景和大汛大灾非常年份两种情况。在正常年景下，江堤的常规岁修或“遇有顶冲江流之处必须退建生工者”[⑤]，以及堤身涵闸的新建、维修等，均需“由各本圩内依照本圩田亩数目”[⑥]向圩民分摊。在大汛大灾非常年份，由于工作量过大，政府也出资“临时雇夫，以资补救”[⑦]。

三、受益夫与义务夫的变化

皖江地区江坝的日常岁修一般都是按本县田亩起夫，但江坝保护的范围不仅仅是一县之地，往往也涉及其他县邑。如无为江坝自古以来为和、含、庐、巢之咽喉，“此堤一决，不独无为一郡尽为波臣，而邻属亦均成渊薮矣”[⑧]。道光年间，侯衔在谈到无为江坝工程修筑时指出，无为一线江坝，“和、含、庐、巢四邑屏藩州境被灾，四邑先受其害。天下未有同其利而不分其害者。……工程浩大……必须和、含、庐、巢四邑分段同办，众擎易举，可望速成。若仅州岁修三千三百名夫承办，每岁不过敷衍其事，

① 光绪《续修庐州府志》(一)卷十三《水利志》,江苏古籍出版社1998年版,第187页。

② 陆树臣:《铜陵江坝录》,《中国水利志丛刊》,广陵书社2006年版,第67页。

③ 陆树臣:《铜陵江坝录》,《中国水利志丛刊》,广陵书社2006年版,第8页。

④ 其意为:在江坝工程中,由佃户上堤供役出力,由其东家(即田主、业主)承担食宿方面的费用。

⑤ 李卫华:《无为大堤志》,九州出版社2005年版,第438页。

⑥ 李卫华:《无为大堤志》,九州出版社2005年版,第438页。

⑦ 李卫华:《无为大堤志》,九州出版社2005年版,第438页。

⑧ 李卫华:《无为大堤志》,九州出版社2005年版,第439页。

坝堤难望巩固矣”[①]。侯衔的意见明显体现了“谁受益、谁负担”的江坝修筑原则。后来，江坝工程的常规岁修，“向例全线江堤仍按官坝、民坝上中段、民坝下段三大段配定夫额”[②]。这种按照受益田亩进行摊征的工夫一般称为受益夫。在民国二十七年（1938年）修筑无为江坝时，“值国府已改进后方，赖由第一区行政督察专员王，令饬舒、庐、巢、和、含七邑共同负担”[③]，这是由受益县共同完成的江坝工程。民国时期，由于水利经费紧张，雇募役夫日益艰难，受益夫制度固定下来，并且其范围日益扩大。民国二十四年（1935年），长江大水，皖江江堤受灾严重。二十五年（1936年）春，皖江各地对受损严重的江堤进行堵口复堤工程。由于工程较大，需求劳力较多，安徽省政府决定扩大兴办水利工程的征工范围，将民国以来一直沿袭下来的在农村按受益田亩摊征工夫的征工范围，扩大到向全社会征工。受益夫范围不仅包括原来按受益田亩或依“业食佃力”制度应征的农民，还包括因某项水利工程的建设而从中受益的工、商、航运业以及受益住户。受益夫供役期限的标准是完成某项水利工程。受益夫范围的扩大，使江坝工程所需求的劳力得到了保证。

民国时期，由于水利经费甚少，在修复皖江江坝工程时，安徽省政府采用“多用劳力，少用经费”的原则。民国二十三年（1934年），为修复皖江江坝工程，对劳力的要求除重申工夫按照受益田亩摊征，实行“业食佃力”制度外，还规定在工夫不足时，可以就近征用非受益区的壮丁上堤，“由受益田亩之业主摊给最低限度之伙食费”[④]。这是义务夫的肇端。所谓义务夫就是法令规定的应服工役者。民国二十四年（1935年），安徽省政府对义务夫的具体规定为“本县人民年在十八岁以上，五十岁以下者，均应征作义务夫。每年服工役三日至七日”，“公务人员及军队官兵均应参加当地工役”，“中等以上教职员、学生在年假、寒假期内应各服工役十日”[⑤]。在民国二十五年（1936年）的无为江坝培修中，无为县就征集义务夫修防。

① 光绪《续修庐州府志》(一)卷十三《水利志》，江苏古籍出版社1998年版，第186—187页。

② 李卫华：《无为大堤志》，九州出版社2005年版，第439页。

③ 李卫华：《无为大堤志》，九州出版社2005年版，第442页。

④ 李卫华：《无为大堤志》，九州出版社2005年版，第441页。

⑤ 李卫华：《无为大堤志》，九州出版社2005年版，第441页。

民国三十五年（1946年），无为县按照受益夫2/3，义务夫1/3的比例配置进行江坝修复。当时义务夫从无为全线68个乡镇摊派，计征1.18万名[①]。

民国三十三年（1944年），皖江抗战根据地著名水利工程——惠生堤的修建，体现了在共产党带领下江堤修建劳力来源方式的多样化。一方面，打破地域观念，分主体区、直接区、间接区、友谊区四个区域类型，多方面调动根据地的人力、财力。由无为、含巢、临江、湖东等县按田亩面积合理分摊任务，其中工程所在地的临江为主体区，其他三县为直接区或间接区。另将皖南的铜陵、繁昌两县划为友谊区作友谊支援。另一方面，实行“以田求户”“以田求夫”的均夫制度，按照“田多夫多、田少夫少”和“地主出钱，农民出工”的原则，统筹摊征。惠生堤工程先后动员夫工达21万人。惠生堤的修建体现了受益夫、义务夫劳力派征的结合。

第二节　清至民国时期皖江堤防建设中的经费筹措[②]

清至民国时期，皖江江堤修防工程规模巨大，需要的人力、物力和财力巨多，经费问题非常重要。由于江堤工程有官坝、民坝之别，因此在修筑过程中其经费来源和筹措方式，不仅形式多样，而且内容也十分丰富。

一、政府对江堤工程的直接投资

清至民国时期，皖江江堤一直沿袭官坝、民坝之分。官坝主要是以政府为主的财政投资方式进行修防。特别是在清代中期，由于政府财政实力强大，对水利工程投资力度加大，一些大的工程基本都由政府投资。具体到皖江堤防工程，政府经费支出主要分为三部分：一是政府的直接拨款，二是政府向民间的贷款投资，三是政府实施的捐输。

① 李卫华:《无为大堤志》,九州出版社2005年版,第442—443页。

② 该节内容主要参考房利《清代安徽长江江堤建设经费来源问题考察》,《中国农史》2015年第3期。

（一）政府的直接拨款

清代中前期，由于政府财力和国力雄厚，皖江地区新建、修防的水利工程规模、数量远超前朝，经费支出之多，前所未有。据载，明代，在无为江坝的堤线上，载入府志、州志的江坝培筑堤段总计11条，有堤线长度记载的堤段仅有4条，总长47.48公里。而到了清代，载入府志、州志的江坝培筑堤段达78条，其中有堤线长度记载的堤段有64条，总长137.46公里[①]。由此可见，清代无为沿江筑堤培修工程的数量和规模明显超过了明代。清代皖江水利工程取得如此大的成就，离不开政府的直接拨款。当时，政府重视堤坝建设的原因有二：一是堤坝的重要保障作用；二是清代，特别是康乾时期，政治安定，国家财力雄厚。这一时期，由政府直接支持修筑的大型江坝工程较多。如无为州开河筑坝工程，整个工程耗时较长、规模最大，终于在乾隆五十九年（1794年）顺利完成，如果没有政府的直接投资和支持，完成难度较大。如乾隆十年（1745年），江南总督尹继善向政府呈报《奏请无为州动帑开河折》中认为无为江坝如需筑坝保护，必须开挖新河，让出余地。工部认为此项工程所需经费“共估需银三万八千七百八十八两二钱四厘零等语，应准其于王家渡一带另开新河一道，使足以容纳来水，下游通畅。所需银两在于现存水利余剩银两内动支给发与挑，俟完工日，照例核实，造具清册题销”[②]。乾隆十四年（1749年），为治理无为鲍家桥一带江坝崩塌，庐州府同知王又朴与署州王名标“援河工鸡心挑溜之法详抚宪卫公，将岁修圩夫一半折价得银三千三百余两，买石沉江，建大小支水矶，又沉船种洲于鲍家桥之上游，期能固基抵实”[③]。到了同治八年（1869年），由于长江大水，无为江坝溃破严重。安徽巡抚英翰向朝廷奏请灾情，并要求筹款兴修。其认为“今兵燹之后，复遇灾荒，非但官修之工须筹动帑项，即民修之工，亦须酌量津贴”。经政府允准同意，“截留同治九年京饷十五万两修理江堤，俾得以工代赈，迅速工竣”[④]。安徽宿松

① 李卫华:《无为大堤志》,九州出版社2005年版,第84页。

② 嘉庆《无为州志》卷五《水利志》,江苏古籍出版社1998年版,第73页。

③ 嘉庆《无为州志》卷五《水利志》,江苏古籍出版社1998年版,第81页。

④ 光绪《重修安徽通志》卷六一《河渠志》,上海古籍出版社1995年版,第583页。

的丁家口堤也是由政府动拨官款修筑，后因“连年崩圮，堤身退建，堤线加长至五百余丈，历次兴修均系官拨款项，民国五年堤坍请款，因库藏支绌，公家仅允拨给一半，其余一半令饬就地筹措”[①]。从这段文字记载可以看出，到民国时，由于政府财政支绌，政府直接拨款较清代明显变少。宿松的泾江口堤历次修筑时都是由政府拨款，但民国五年（1916年）时，水灾较大，冲破堤坝，由于官府修筑经费不足，于是“议由近堤归、泾、洿、小四庄就地筹补”[②]。

政府直接拨款修建江堤，一般在财政充盈的情况下才能进行，财政不足时，政府需要通过民间筹资的方式修建江堤。

（二）政府向民间的贷款投资

清政府向民间的贷款投资方式主要是以“借帑开发”方式进行的。“借帑开发”方式就是对于一些较为重大的水利建设需要经费数额较多，而民间一时又难以筹集足够资金的工程，政府以贷款的方式给予援建，待工竣之后，再按摊征归还。民堤的水利经费“系自行筹办。其民力未逮者，仍借款接济”[③]。清后期，由于政府财力大不如前，以“借帑开发”方式修理江堤比较普遍，这种方式在皖江地区的江堤修建中也较为常见。明万历四十五年（1617年），无为知州陈鸣熙“申请抚宪协济工银六千八百两，并本州仓谷，起粮夫一万一千二百名”[④]，完成了三坝工程建设。这是皖江地区比较早利用官款协济方式修建江堤。乾隆三十年（1765年）无为江堤“鼎修全堤”时，“除照粮起夫外，仍题借帑银三万两，三年带征归款”[⑤]。乾隆五十三年（1788年），无为实施的月河工程，就是政府借帑兴办的江坝工程。此项工程，费用较多，而无为州“连被灾歉，民力不支”，政府准“无为州借银三万六千五百两，分作四年照粮摊征还款”[⑥]。嘉庆十四年（1809

---

① 民国《宿松县志》(一)卷二十《水利志》,江苏古籍出版社1998年版,第408页。

② 民国《宿松县志》(一)卷二十《水利志》,江苏古籍出版社1998年版,第409页。

③ 中国水利水电科学研究院水利史研究室:《再续行水金鉴·长江卷1》,湖北人民出版社2004年版,第416页。

④ 嘉庆《无为州志》卷六《水利志》,江苏古籍出版社1998年版,第78页。

⑤ 嘉庆《无为州志》卷六《水利志》,江苏古籍出版社1998年版,第80页。

⑥ 嘉庆《无为州志》卷五《水利志》,江苏古籍出版社1998年版,第74页。

年)，和州西北乡圩埠，因“上年夏间雨水过多，冲溃至一百余丈，急宜修筑，以资捍御，向来虽属民修之工，但该处被灾之后，民力未免拮据，著照所请赏借银一千七百二十六两零，即于藩库内动给，所借银两著自十四年为始，分作四年摊征归款”[1]。清后期至民国时期，灾荒不断，民力无力负担修堤经费，地方政府往往通过向中央办理赈灾借贷的方式兴修水利，并通过以工代赈的方法赈济灾民，实施灾后的江堤兴修工程。在宣统三年（1911年）至民国二年（1913年），无为大水，江坝连续三年溃口，由于政府库空如洗，工程款无法落实，当时只有向华洋义赈会募借巨款，以工代赈，修复堤坝。民国初年，所募款项金额为40余万元。民国二十年（1931年），长江发生特大洪灾，沿江一带江堤崩坍严重，中央政府举贷美麦43万吨，其中分给沿江工赈麦面计17万吨。安徽省以工代赈，在民国二十一年（1932年）实施了江堤修复工程，为解决经费问题，省政府“代向绅富借款，按受益田亩带征归还”，“以上各项如仍不敷，得由全县田赋带征工赈经费，以作基金举行借款”[2]。

一般来说，政府对民间进行的借款或贷款修堤是不收利息的，属于一种扶助性贷款。清代的借国帑就属于这种性质的贷款，按田亩分期归还。但有时候亦有豁免的例子，如道光四年（1824年），道光帝允许无为江堤修建款项“动帑”修建，准借工银“四万七千六百三十四两零”，“所借银两著于该州通境民田项下，分限六年照粮摊征还款，并免造册报销。其河坝各工压占、挖废田亩，该抚于工竣时查明照例题豁，以纾民力”[3]。到民国时，由于国库亏空，国家一般都向机构或民间贷款而修堤，但是此项贷款经费需要地方政府和农民偿还。如民国二十三年（1934年），为修复长江江堤，安徽省政府向沿江、沿淮二十个县特拨修堤工程贷款。该款为“剩余的歙、昱路公债票二十万元募款。……各县政府对建设厅负归还贷款之完全责任……借款本息由县按各该圩、段所借数在受益田亩公摊……”[4]。当然，清代这种通过向国家借帑来筹措修堤经费的方式，并不一定是国家财

① 光绪《重修安徽通志》卷六十一《河渠志》，京华书局1967年版，第635页。

② 李卫华：《无为大堤志》，九州出版社2005年版，第440页。

③ 光绪《续修庐州府志》(一)卷首《皇言纪》，江苏古籍出版社1998年版，第31页。

④ 安徽省政府：《安徽省贷款修堤办法》，转引自李卫华：《无为大堤志》，九州出版社2005年版，第441页。

政困难情况下的应急措施，也可能是中央政府为增强地方政府修筑水利的积极性的一次经费变革，这种方式对于打破国家包揽一切水利经费开支的体制有着重要意义。而民国时期的水利贷款主要是在国家财政困难情况下，为使水利得到有效的修建而采取的一种特殊形式。

（三）政府实施的捐输

清代向有捐输之例。作为一种临时性筹款措施，捐输之例分为常开事例和暂开事例两种。常开事例包括捐纳贡生、监生职衔、内外官员捐加级记录和平民捐请封典等。暂开事例是因军务、河工、灾害等特定事项而开的捐例，所得捐款指定专项用途，规定期限，事竣结束。清代的捐输和捐募有区别，捐募一般是指地方或民间的一种个人行为，而捐输是指国家运用行政手段采取的一种筹款措施[①]。堤坝修防工程一般属于暂开捐输。

如光绪五年（1879年），庐州知府黄云向安徽巡抚裕禄呈报在无为江坝申请建闸时建议："综计两河建闸估费约二万金……闸费专取于民，诚恐力有未逮。再四筹思，若两河开通，商船先受其利，关卡亦均有益，愚昧之见，可否以商、民合捐，庶易集事。民捐则先尽绅富，再及田粮，无为二股，庐江一股；商捐则抽税加一，随正抽收；关卡则先垫若干，收捐足数而止。"[②]宿松县的御湖堤在县城南100里，介于归林、泾江庄之间，原系康公堤旧址，自同治八九两年大水，康公堤圮没无存，于是宿松县令"倡捐多金，将康堤退建后里许，防御湖水，名曰御湖堤，计长五千七百四十丈，上接同仁堤，下抵九江驿里堤，与江湖各堤依为唇齿，每遇大水堤决亦经请款津贴补助兴修。"[③]

二、民间诸种形式的水利集资

清至民国时期，除了在康熙、雍正、乾隆朝时政府修理江堤工程以拨

① 刘丹，陈君静：《试论清代宁绍地区海塘修筑的经费来源与筹措方式》，《中国社会经济史研究》2010年第4期。

② 光绪《续修庐州府志》（一）卷十三《水利志》，江苏古籍出版社1998年版，第184页。

③ 民国《宿松县志》（一）卷二十《水利志》，江苏古籍出版社1998年版，第410页。

国帑为主外，其他朝代均以官倡民修、自行集资为主。民间水利集资工程款项的办法有“按亩摊捐”“按力捐输”“州境户捐”以及“绅士捐办”等多种形式，事实上则以“按亩摊捐”和“绅士捐办”两种形式为主。

（一）按亩摊捐

按亩摊捐，即主要按受益田亩的多少进行分摊，与受益的田地亩数紧密相关，是一种较能为民众接受的最主要的水利集资方式。按亩摊征的方式在皖江地区较常见。皖江地区一些小型水利每年的日常岁修和一些非常规的堤防抢修费用，大部分都是以按亩摊征的方式由民众负担。常采用“费不足，则三人者解囊以助之，力不能，即输者又假货（贷）以先之”的方式，从而“其壮者既受夫之值，足以赡其家；而老弱者又分班任易，足以糊其口”[①]。一般岁修时，圩夫所出的经费都是固定的。如无为州知府李炳涛在《示禁江坝积弊碑文》中明确规定：“所有坝工每年岁修即凛遵定章，每夫一名只例缴椿柴费七十文，此外浮费一概禁革。……嗣后江坝工程除实系生工用款较巨不计外，所有岁修工程即以额夫六千三百余名，椿柴钱四百余，干柴四千束。”[②]圩堤关系圩民的切身利益，因此“修筑圩堤原为该士民自卫之计”，沿江圩区业佃人等“齐力修筑，如式完竣”[③]，并且“百姓感激皇恩，咸知兴筑圩堤，保卫田畴。即未经借项，各属亦俱踊跃，一律自行修筑坚固”[④]。宿松的马华堤为鄂、赣、皖共同受益之江堤，于民国五年（1916年）告竣，其修筑经费规定：“筹款项经三省官绅核议，定为官民合办，其经费则官民各半担任，又议以三省受益地亩之多寡为担任经费之重轻。当将应行担任之民款一半订立条约量为支配，黄梅县分任十成之三四，广济县分任十成之二二，九江县分任十成之一三，宿松县分任十成之三一。其宿松所任之一半民款议由直接或间接各庄受益田亩按等

① 陈恩虎：《明清时期巢湖流域农业发展研究》，南京农业大学2009年博士论文，第183页。

② 光绪《续修庐州府志》（一）卷十三《水利志》，江苏古籍出版社1998年版，第191—192页。

③《宫中档乾隆朝奏折》30辑，第488页，转引自赵崔莉《清代皖江圩区社会经济透视》，安徽人民出版社2006年版，第36页。

④《宫中档乾隆朝奏折》25辑，第451页，转引自赵崔莉《清代皖江圩区社会经济透视》，安徽人民出版社2006年版，第36页。

附加”[1]。

皖江一些大的水利工程，由于民力不济，政府经常以借帑形式进行修筑，但借帑修筑的经费实际上还是要民众按田亩分期还款，这种形式在皖江地区比较常见。如无为州在乾隆五十三年（1788年）修筑月河工程时，由于民力不支，向政府借银，且“分作四年照粮摊征还款”[2]。在皖江地区还存在“业食佃力”的方式修筑堤坝，这种方式的宗旨是有钱出钱，有力出力，由东家（田主、业主）出钱，佃户出力，东家（田主、业主）承担佃户修筑堤坝时食宿方面的费用，这种形式也是按照东家（田主、业主）田亩多少来出资，佃户可以“以其劳力与富者办理土方，以换取工资缴纳应摊之费”[3]。因为筑堤关乎着自己的切身利益和生命安全，所以大家都踊跃出钱出力。

（二）绅士捐办

绅士捐办主要包括捐赠和募捐两种。在封建社会里，由于政府和民力财力有限，修筑水利工程的经费时常通过士绅和官员的捐资方式筹集。地方士绅捐资修筑水利在皖江地区比较常见。如南陵的姚兴圩就是通过当地邑绅徐文达助银千余两购置田地90亩作为修筑圩堤的费用。乾隆五十八年（1793年），无为州修筑的上河工程由于工程较大，由绅士自行出资捐办，乾隆帝为防止经费贪腐，在回复两江总督书麟的复文中明确指出“此项挑工，系该州绅士为保护田庐自行出资捐办，但向来地方官遇有挑河筑坝工程，动用官项，尚不免任意浮冒，从中侵蚀。”[4]宿松县的泾江长堤修筑后“近堤士绅徐鹏搏、徐植春、吴国英等因内防湖水，于光宣之季在后湖一带先后筹建各堤，每逢大水溃堤亦经请款津贴补助兴修。”[5]

地方商人从自身利益出发，对捐助水利也比较积极。光绪年间，铜陵知县陆树臣为修筑堤坝在奏折中写道：“查同治年间无为、芜湖均有外籍绅商捐米修圩之案，县属大通镇之和悦洲为盐商麇集之所，该商等深悉情形，

---

① 民国《宿松县志》(一)卷二十《水利志》,江苏古籍出版社1998年版,第409—410页。

② 嘉庆《无为州志》卷五《水利志》,江苏古籍出版社1998年版,第74页。

③ 李卫华:《无为大堤志》,九州出版社2005年版,第438页。

④ 嘉庆《无为州志》卷五《水利志》,江苏古籍出版社1998年版,第76页。

⑤ 民国《宿松县志》(一)卷二十《水利志》,江苏古籍出版社1998年版,第411页。

每见卑职纵谈坝务，莫不义形于色。本年督销局奉文筹款，即据该商公同议于每票捐银若干外，加捐二两，共银一千五百两留作铜邑修坝经费。”[①]而铜陵江坝工程“除皖岸票商捐款外，实不敷用，均有李君一人独立捐输”[②]。清光绪五年（1879年），庐州知府黄云在《禀请泥汊、神塘两河建闸折》中称两闸的建设经费“以商、民合捐，庶易集事。民捐则先尽绅富，再及田粮……商捐则抽税加一，随正抽收”[③]。

另外，一些官员也积极捐助水利工程。如宿松县的惠民堤“同光以来，每遇溃决大工，各前邑令均请款津贴并自捐廉银补修”[④]。芜湖县的麻浦圩堤防为江流要冲，是芜湖南岸农业生产和居民生命财产的重要保障。光绪二十三年（1897年），由于夏季大水，圩堤危急，急需修筑。道宪袁观察不忍坐视圩民于洪水中，“捐廉二百余金，委托陈筱泉少尉购办桩木，择要兴修。其陡峭过甚之处，则于堤内添筑丰台以护之”。后来，由于堤岸再被冲决，袁观察再次捐廉数千金，购买大木数万根，排泊堤下，并“于腊月破土兴工，挨次密钉桩木，挑土紧筑，全堤尽修”[⑤]。水利经费，除了捐输方式之外，募捐方式在皖江也比较常见。清后期，每遇洪灾，由于政府和民力经费吃紧，水利工程经费常通过募捐形式来解决。

三、清代安徽长江江堤的经费来源特点

清代，皖江地区堤防的兴修进入全面发展时期，其规模和数量均超前代，经费支出数目巨大，经费来源方式不仅具有多样性而且综合化明显，主要依靠政府直接投资和民间集资。如乾隆年间无为州的开河筑坝工程集合了政府拨款、借帑开发、民间集资等凑款形式，其下河工程的经费是靠政府直接拨付，月河工程是通过政府“借帑”修筑的工程，而上河工程则是由民间集资修筑而成。但皖江地区堤防的建设经费主要是依靠地方政府和民间自筹为主，直接来源于中央政府的资金较少。中央政府对江堤直接

① 陆树臣:《铜陵江坝录》,《中国水利志丛刊》,广陵书社2006年版,第1—2页。
② 陆树臣:《铜陵江坝录》,《中国水利志丛刊》,广陵书社2006年版,第68页。
③ 光绪《续修庐州府志》(一)卷十三《水利志》,江苏古籍出版社1998年版,第184页。
④ 民国《宿松县志》(一)卷二十《水利志》,江苏古籍出版社1998年版,第410页。
⑤《捐廉修堤》,《申报》光绪二十三年(1897年)十二月十一日。

拨款的工程一般都是比较重要的堤防工程，这些工程一般都是关系到几个州县的人民生命财产安全，其在国家的财政赋税上关系重大，因此，政府通常把这种江堤作为官坝处理。但即使是官坝工程，并非都是由中央国库拨款，许多工程都由府、州、县地方官府出资。如道光二十八年（1848年）、二十九年（1849年）大水后的无为江坝修复工程就是由无为州政府自筹款项修复。到清代后期，由于国库空虚，许多堤坝工程并未得到修建，即使是官坝也同样如此。如宿松县马华堤原本在光绪和宣统年间就一直动议修筑，但因经费巨大，难以筹款，一直未动工，直到民国三年（1914年），鄂赣皖三省把马华堤定为官民合办，其经费则官民各半担任，此项工程才得以修筑。因此，清代，皖江堤防经费来源方式的多样性和综合化，保证了堤防经费的充足，也充分体现了政府、民间对堤防建设的重视，从而促进了皖江地区经济的发展。

第四章　清至民国时期皖江堤防的管理与运行模式

皖江地处圩田富饶之地，其农业的发展离不开水利的兴修。国家最重水利，因为水利与农业息息相关，“依古以来，水利与农田相维，生民之大命，国计之本原系焉”①。皖江的圩田发展历史悠久，其圩区的水利建设离不开日常管理，特别是清代以后，圩田兴盛，与其水利管理体系的完备有极其重要之联系。学界关于清至民国时期皖江圩田的水利组织管理论述不少，从不同角度阐述了圩田水利管理体制、组织形式和特点等②。在明朝，皖江地区无为州的江坝堤防即有相关记载。当时由于江流洪灾对圩田造成的危害巨大，沿江堤坝关系着皖江地区的民生和国赋，因此，自明以来，皖江地区的江坝陆续修建，到清代，江北和江南已形成江坝堤防体系。江坝堤防的重要性对皖江民众来说不言而喻，历代政府和民众对此投入了大量的人力和物力，确保其安全坚固。本章主要探讨皖江堤防的管理组织形式和运行模式，以了解人类活动与堤防建设之间的关系。

第一节　清至民国时期皖江堤防管理机构的建立与完善

堤防管理机构是否建立和完善，直接影响堤防工程的建设，它是水利工程安全有效良性运行的重要保证。皖江地区襟江带湖，汛期时，洪流较大，严重影响堤防水利设施，管理机构如何组织兴修和抢险关系江坝的安

① 乾隆《池州府志》卷二十三《沟洫志》，江苏古籍出版社1998年版，第348页。

② 涉及此方面的著作和论文主要有：彭雨新，张建民《明清长江流域农业水利研究》，武汉大学出版社1993年版；赵崔莉《清代皖江圩区社会经济透视》，安徽人民出版社2006年版；孙语圣《民国时期安徽的水利建设》，《民国档案》2002年第4期。

危。下面分别从清代和民国两个时期论述皖江地区水利行政机构的建立和完善。

一、清代皖江地区的堤防管理机构

清代的行政体制庞大而复杂，其水利机构也同样如此。具体到皖江地区堤防的管理机构而言，主要分为四个层次：一是中央和省级政府的堤防管理机构，二是基层地方政府的堤防管理机构，三是专门的沿江江防机构，四是民间的堤防管理机构。

（一）中央和省级政府的堤防管理机构

清代的水利官制基本沿袭明代，也是由中央统一领导，逐级负责的管理体系。朝廷的六部中工部下属都水清吏司负责全国水利管理，为了方便办理具体事务，又设置了江南、河南—山东和直隶三个河道总督，其中江南河道总督管辖江苏和安徽的黄河、运河和淮河的防治工作。虽然江南河道总督不直接掌管皖江的堤防工作，但由于其是朝廷派往地方的水利专官，受朝廷委托，经常派其所属苇荡营参将办理皖江堤防的工程，所以它在皖江堤防水利建设中发挥了一定的作用。

清代，省级水利管理机构主要依靠总督和巡抚过问，因此许多大型水利工程，朝廷直接任命总督和巡抚负责完成。如乾隆三十年（1765年），无为州“鼎修全坝”的工程，就是在安徽巡抚托庸的领导下完成的。托庸“借帑银三万两”在无为州全线加筑江坝。其堤线上自土桥镇的千棵柳，下至交和州界的雍家镇，并增建永成圩至荻港圩月堤。该工程联并沿江圩口30余个，全长110.50公里，基本形成无为大堤的雏形。乾隆五十八年（1793年），乾隆皇帝命两江总督书麟和安徽巡抚朱珪亲自负责无为的上河江坝工程，“著专交朱珪就近随时亲赴工所督率稽查，毋任地方官吏胥役等借端滋扰；书麟仍于工竣时亲往查验，以期一律稳固”[①]。

① 嘉庆《无为州志》卷五《水利志》，江苏古籍出版社1998年版，第76页。

（二）基层地方政府的堤防管理机构

清代，大部分江坝的修防和管理任务主要由府、州、县地方政府直接承担。堤防工程管理工作多由地方官吏兼司，没有专设管理机构。由于堤防工程关系长江防洪屏障，故江坝修防历来为府、州、县地方政府所重视，凡是长江堤防建设或抢修，一般由地方政府官员直接负责，同知、通判、州同、州判专司其事。对此，乾隆时期有明确规定，“守巡各道及同知、通判、州同、州判等官兼以水利职衔，稽查办理河道、堰、桥、闸”[①]。此外，每逢大汛时期或江坝工程实施期间，地方官府衙门的役、吏也按照职能分工，参与江坝防汛或坝工的施工管理。皖江地区一些著名的江坝工程也是在府、州官员直接管理下完成的。如无为州流传的“三公之法”，就是指无为州陈应龙、孙慈、陈鸣熙三位州守在组织修建一坝、二坝、三坝工程中总结的一套江坝修守章程。光绪年间，无为州守吴澐“劝谕周乡五里七十二圩，同力合作”并与知府“亲临工所，加意督筑”[②]，完成了黄丝滩永定坝的两次退建。再如，安庆广济圩大堤是在清代怀宁县知县沙琛直接领导下完成的。安庆长江贯穿于安庆府城东，与城中河湖相连，在汛期时，城中江湖泛滥成片，一片汪洋，城内的住宅房屋和田地常淹没于水中，人们常受此累。嘉庆八年（1803年），沙琛调入怀宁任知县，见人们常受江水所害，于是决心修筑江堤阻挡洪水，广济圩大堤应运而生。为防内涝和引水灌溉，该防洪堤堤身建有3座通江涵闸。该防洪堤建成后，凡遇水灾，安庆城内人民财产和田地均得到保障。

（三）专门的沿江江防机构

明清时期的江防机构，主要是为长江军事防务和警务的需要而设置的，有文武重臣统领，配有兵船。万历二年（1574年），“因江上多故用操江御史董尧封议，令沿江诸郡以同知一员兼管江防事”[③]，后来，其职能也延伸为长江修防管理机构。江防机构通常在沿江设置江防行署，作为其执行公

---

① 安徽省地方志编纂委员会:《安徽省志·水利志》,方志出版社1999年版,第426页。
② 光绪《续修庐州府志》(一)卷十三《水利志》,江苏古籍出版社1998年版,第189页。
③ 嘉庆《无为州志》卷十二《职官志》,江苏古籍出版社1998年版,第144页。

务的派出机构。如庐州府“江防以泥汊镇为行署，州江防以王家渡为行署”[①]。随着沿江堤防的逐渐形成，沿江的江防机构经常奉命参与江坝工程的修筑和管理，逐步承担起长江堤防的修防管理之责。清代，政府对皖江沿江江防进一步加强，按照清代兵制绿营兵的建制，形成了较完善的江防布设。嘉庆年间，无为沿江设土桥、泥汊、奥龙巡检司署，并在洲头、灰河口等处设置营汛负责防汛工作。清末，为了加强长江修防，将巡检司移至江堤危险地段，原沿江中段的泥汊巡检司改设于临江坝，下段的奥龙巡检司一度设于汤沟，后来，又下移至江岸崩坍严重、江堤不断退建的黄丝滩。一些江防官员因在江坝修防中有所作为而被史、志所记载，事迹为后人所称颂，如乾隆十九年（1754年），土桥巡检张琪、黄雒巡检程士棠于无为江坝上段照粮派夫，建成陈公堤，为人们所称颂。

（四）民间的堤防管理机构

江堤一般有官坝与民坝之分，官坝通常由政府领导管理修建，而民坝主要由民间自行修建。但无论是官坝还是民坝，兴修过程中都离不开民间水利管理组织。民间江堤修防管理组织除了修建民坝工程外还肩负着江堤日常岁修和抢修的任务，因此，民间的堤防管理机构在江堤修防过程中作用不容忽视。民间的修防、施工队伍，大多是按照民间约定俗成的组织规约筹建的，也有的是在某种特殊情况下，按照政府的规定组建的。民间的堤防管理机构一般按堤防受益范围，设圩董会或坝堤委员会，由当地的乡绅担任董事或圩长。这些董事或圩长按照劳务规约组织人员负责日常岁修以及防汛抗洪。如南陵县规定，“由图内居民会议，能通书算者举报充当圩长，每圩设立圩长多寡不等，按年分班，督夫培筑圩田”[②]。铜陵县为防江水溃入，修护都埂上所筑之新坝时，邑令陈九龄规定地保“每年督率附近圩夫加筑，非值亢旱，毋许擅开，即开亦必公看，着经手之人承管，毋致贻患”[③]。

① 嘉庆《无为州志》卷十一《武备志》，江苏古籍出版社1998年版，第138页。

② 民国《南陵县志》卷十六《食货》，江苏古籍出版社1998年版，第202页。

③ 乾隆《铜陵县志》卷之六《乡耆》，黄山书社2006年版，第171页。

二、民国时期的堤防管理机构

民国时期由于战争和政权更迭频繁，这一时期的国家与地方水利事业行政管理变动较大。纵观整个民国时期水利机构发展历程，其水利行政机构及其职权与战争、灾害关系甚大。以下，笔者主要从四个时间段对安徽皖江地区的水利管理机构进行阐述。

（一）民国元年（1912年）至十九年（1930年）的堤防管理机构

民国建立后，虽然政权不稳，水利管理机构的设置与清代相比，更加趋于合理、明确。民国成立之初，全国性的水利职能部门归内务和农商两部。一直到民国二年（1913年）年底，全国水利局成立，它是主管全国水利的机构。民国三年（1914年），为对应中央的水利职能部门，安徽省水利局成立，隶属于安徽省财政厅。民国十六年（1927年），安徽省水利局又改属安徽省建设厅。

由于中央和省级水利管理机构的变动频繁，直接影响了地方基层水利管理机构的设置。安徽省水利局改属安徽省建设厅后，皖江地区大多数县政府相应设立了建设局，主要负责所在县包括水利在内的各项建设事业，“负责县内水利事业之进行、计划、督促”①。民国十九年（1930年），安徽省政府规定“各县堤防之修守，由该管县长，负责督饬”②，各县政府成为各县水利主管机关。

由于长江安徽段易受灾害影响，政府为加强对长江安徽段堤防水利的管理，特设专门水利机构。如民国初期，为培修无为、和县、含山、桐城等县被长江洪水毁坏的堤防，适应当时长江堤防建设的需要，安徽省专门设立安徽省堤工局。随后，皖江各县成立附属于县的县堤防局，并在一些江堤段行政区成立堤防公所，接替了以前江防机构的江坝修守职能。但由于县堤防局是属于县的一个职能部门，不是常设机构，因此，其位置不稳定，后来又改设圩务委员会。民国十年（1921年），为加强长江流域水利的

① 李卫华：《无为大堤志》，九州出版社2005年版，第409页。

② 安徽省政府：《安徽省修守堤防通则》，《安徽建设月刊》1930年第11期。

管理，又成立了扬子江水道讨论委员会，它是第一个具有流域性的长江水利机构。民国十七年（1928年），扬子江水道讨论委员会改组为扬子江水道整理委员会，隶属于交通部。另外，在一些易崩坍的堤段还专门成立了修守水利部门，负责该堤段的修防。如民国七年（1918年），无为县建成凤凰颈双涵闸，专门设凤凰颈双涵闸管理局。民国十六年（1927年），为修防同马大堤，鄂、皖、赣三省共设溢华堤工程局及溢华堤防管理处。

（二）民国二十年（1931年）至二十五年（1936年）的堤防管理机构

这一阶段由于长江流域遭受水灾和抗战的爆发，因此是民国时期皖江的水利机构演变幅度最大的一个阶段。

民国二十年（1931年），长江流域遭受特大水灾，其影响之大，危害之深，为百年不遇。安徽省是受灾最严重的省份之一。这次水灾的发生，引起了全国和安徽各界人士对水利建设的反思，水利机构的不健全成为社会关注的焦点。该年，安徽省决定对全省水利组织机构进行大幅度调整。次年，安徽省级水利机构除了作为全省水利行政领导机构的建设厅外，还有主管江淮干堤等大型水利兴修工程的水利工程处。水利工程处侧重于水利工程的设计、施工，其余水利行政事务仍由建设厅直接办理。民国二十三年（1934年），为统一全国水利行政，政府设全国经济委员会，掌管全国水利行政和经济建设事宜。二十四年（1935年），将扬子江水道整理委员会与长江流域内其他重要水利、水文机构合并，组成扬子江水利委员会，负责管理长江流域的所有水利防患事务，这标志着长江流域水利管理从整理航道为主转变为以防洪为主的长江综合治理。

由于水灾后，各县没有专门办理水利事务的机关，“其号称负责者，上则县长，下则有堤之处，所谓堤绅、圩董、坝长等类名目而已。无堤之处，则无此等名目”[①]，于是，安徽省政府颁布了《各县水利工程委员会规则》，下令限期成立县各级水利机构。各县、区纷纷成立水利工程委员会，并且在各江堤段成立堤工委员会，“成为一最低级之水利工程团体”。县水利工程委员会是县政府常设的水利职能部门，“系最紧要之水利推进机关”，“为

① 孙语圣:《民国时期安徽的水利建设》,《民国档案》2002年第4期。

全县水利工程之督促指导机关”[①]。县水利工程委员会一般委员有10人左右，县长兼委员长；区分会设委员7人左右，区长兼委员长，其余委员均为聘任的义务职，一般选拔熟悉水利的正绅充任。另外，还聘请当地熟悉水利、热心公益的绅耆若干人为顾问。在机构设置形式上，县水利委员会隶属于县建设局，区分会隶属于区公所，日常事务由县建设局及区公所职员兼办。后来，为保证人员稳定性，政府又明确县水利委员会内各组设主任与雇员，均为非义务职位人员，酌给薪津。到了民国二十四年（1935年），政府规定“委员长、副委员长，内设各组的主任均应常川驻会”[②]，这样就保证了机构的常设性质。此后，安徽各级水利组织、机构不断进行调整和完善，形成了“省政府、省水利工程处——县政府、县水利委员会——区分会——圩、保堤工委员会——圩董、坝董”的水利组织系统。在一县之内，“上自县长，下逮编氓，咸各负起责任，然后主管官厅之命令，可得而行”[③]，加强了基层地方水利组织的建制，有效地保证了水利工程的修防。

（三）民国二十六年（1937年）至三十三年（1944年）的堤防管理机构

这一阶段处于全面抗战时期，由于战争和经费困难，大部分水利机构名存实亡，特别是地方水利管理组织一直处于瘫痪和恢复阶段。

战争期间，政府职能部门迁往重庆，一些职能部门被迫调整。民国二十七年（1938年），全国经济委员会改组为经济部，所有水利机关一律移归经济部管理。民国三十年（1941年），行政院又成立全国水利委员会，主持全国水政，原经济部所有水利机关归并水利委员会。战争期间，安徽省水利工程处被裁撤，到民国三十二年（1943年）才恢复水利工程处，“《修正安徽省水利工程处组织规程》规定：‘安徽省水利工程直隶于安徽省政府建设厅掌管水利工程事宜’；水利工程处下设工务科，职掌‘关于防汛事项’”。同时，因“淮河流域连年黄泛后防黄任务繁重，将各县原设的由县

① 李卫华：《无为大堤志》，九州出版社2005年版，第409页。
② 李卫华：《无为大堤志》，九州出版社2005年版，第410页。
③ 安徽省政府：《安徽省办理水利情形报告书》，《建设周刊》1932年第23期。

长兼任总队长的工赈工程总队部改称防黄工程处”[①]。

抗战前期，尽管皖江地区局势紧张，但各县政府遵照省政府要求尽量维持各级水利机构组织的设置，兴办水利。安徽省政府明确要求“县水利委员会、乡水利委员会、各圩堤工委员会……限于二十八年三月以前恢复组织”[②]。后期，由于沿江各县沦陷，其水利机构处于瘫痪状态，江堤的修防工程基本停顿。抗日根据地的发展和壮大，为根据地的水利兴修提供了机遇。民国三十二年（1943年），安徽皖中行署成立了皖中水利委员会，由吕惠生负责领导组织全区的水利建设。著名的黄丝滩“惠生堤”就是在吕惠生领导的皖中水利委员会组织实施下修建而成，确保了长江黄丝滩干堤的坚固。

（四）民国三十四年（1945年）至三十七年（1948年）堤防管理机构

这个阶段是民国时期江坝管理组织演变的最后一个阶段。抗战胜利后，随着政府各职能部门迁回原地，其水利机构也逐渐恢复，因此，这阶段主要是各地水利机构恢复和调整时期。

民国三十五年（1946年），安徽省水利工程处改组为安徽省水利局。民国三十六年（1947年），水利委员会改组为水利部，其中扬子江水利委员会改组为长江水利工程总局，隶属于水利部。战后，沿江江堤溃破不堪，各地水利工程设施急需整修与恢复，因此各县地方水利机构也相应恢复其职能权力，着手修防本县的水利工程。

具体到皖江地区，由于各干堤段工程在战争时期基本荒废，战后急需恢复和修整。长江流域性水利机构首先得到恢复和调整，以便加快修防各县干堤工程。为加强长江干堤的堵口复堤工作，民国三十五年（1946年），扬子江堵口复堤工程总处在南京由水利委员会设立，并在沿江各地设立各省堵口复堤工程处。同年4月，安徽区长江堵口复堤工程处在芜湖成立，下设3个工程段。与此同时，安徽省水利局在各工程段的属地设置3个江堤修防处。这样，流域性的工程段与省属的修防处合署办公，一个单位两块牌子、双重领导。民国三十七年（1948年），扬子江堵口复堤工程总处改设圩

① 安徽省地方志编纂委员会:《安徽省志·水利志》,方志出版社1998年版,第468页。

② 李卫华:《无为大堤志》,九州出版社2005年版,第412页。

长江堤闸工程处，为长江水利工程总局的下属机构①。安徽区长江堵口复堤工程处相应改为安徽区长江堤闸工务所，其下设的3个工程段不变。由于战后政府财政困难，水利基金有限，因此长江干堤的培修工程大部属于以工代赈工程。其工程实施受扬子江水利委员会和国家善后救济总署的双重领导。为配合安徽省沿江水利工程的代赈工作，安徽省设立善后救济分属，并向沿江各县派驻工作督导队。

总体而言，清代，由于政府财政充裕，国力强大，特别是在康乾时期，其水利基金充足，水利机构从朝廷到省、府、县各级政府，“河官之密置，非前朝所及”②。当时基本形成了一个军政一体、官民共管的长江修防管理组织形式。特别在一些大型水利工程项目中体现的比较明显。但是清代从中央到地方并没有专门的水利行政机构，水利管理组织也隶属于其他职能部门。民国时期，各级水利机构的设置较清代相比，更加合理、明确。政府除了设置全国性专门水利机构外，在各省、县也相应设立专门水利机构。另外，为加强长江干堤的修防，从中央、省、县和区专门设置长江流域性机构。这和清代的江防机构性质完全不一样，清代江防机构主要参与沿江堤防的建设和管理，不是专门的长江水利管理组织。而民国十年（1921年）成立的扬子江水利委员会是长江具有流域性专门水利机构，具体负责长江干堤的建设和管理。民国二十年（1931年）水灾后，安徽省从中央到地方，各级水利组织、机构都进行了调整和完善，有效地保证了水利工程的修防。

第二节　清至民国时期皖江堤防水利的管理法规

历代政府和民间都十分重视水利，水利的修防必须要有规章制度来保障。关于堤防水利法规，早在唐代就已出现，唐代《营缮令》中专门有修守堤防的条文。另外，《唐律疏议杂律》中规定：“诸不修堤防，及修而失时者，主司杖七十，毁害人家，漂失财物者，坐赃论减五等。”现存最早的全国性的水利法规是唐代的《水部式》，它的出现体现了水利保障的必要性。唐以后，历代政府都以唐代的水利法规为蓝本，制定自己的水利规章

① 李卫华：《无为大堤志》，九州出版社2005年版，第414页。

② 钟骏臣：《历代水利官制概述》，《扬子江水利委员会季刊》1936年第3期。

制度。清至民国时期的政府非常重视水利事业的发展，为加强水利工程的修防，订立了各种堤律规章和法规，民国时有了全国性的综合水利法规。本节重点探讨清代和民国两个时期皖江地区的堤防水利法规，考察水利法规在保障堤防水利工程中的作用和意义。

一、清代的堤律章则

清代，虽无具体成文国家水利法典，但国家大法一般都包含水利法规的条文。如刑部和工部的典章中都含有水利条款。乾隆时期编写的《钦定工部则例》包含了许多防洪方面的法规，主要包括防洪工程的维护与修治、防洪工程管理人员的安排、工程经费的使用等。光绪年间修的《清会典事例》共一千二百二十卷，其中河工占十九卷，海塘占四卷，水利占八卷，共计三十一卷之多。这些水利条文规定得相当细致，涉及水利管理机构设置、官员职责、水利经费开支、物料运用、水利工程的施工要求以及培修方法、奖励和禁令等方面。

（一）地方水利法规

具体到皖江地区，其水利法规除了国家的法规外，还有自己的地方性水利法规。这些地方水利法规，大多只是在江堤修守中被“视为年例”，形成正式文告的较少。一般来说，地方水法规主要包括江坝修防责任的划分、劳役的派征以及修防规则等内容，如修筑堤坝时对土料的选用、填充等有明确的规定。清代皖江地区的水利法规，主要包括针对具体堤防事务由皇帝作出的圣谕或朱批、奏折以及府、州、县地方官员颁发的水利法规。

1.奏折、朱批

乾隆十年（1745年），由于无为江坝不断崩坍，需要重新开辟新河，让出土地修筑江坝。江南总督尹继善向朝廷呈报《奏请无为州动帑开河折》，要求开筑新河工程。此过程迁改河道、挑挖白米墡河，共需银近4万两。此奏折得到工部允准，工部拟定《开浚新河章程》，要求“所需银两在于现存水利余剩银两内动支给发与挑，俟完工日，照例核实，造具清册题销其应行”，在筑坝过程中，“仍循旧例，按粮起夫，毋庸动项，至现存旧坝仍令该督严饬地方官督业民同新筑坝工，随时保护修防，以资捍卫。又从前挖废田地，应纳钱粮果有摊赔等弊，苦累小民，应令俟工竣之日详细确查分晰题报户部豁免可也”①。

乾隆五十八年（1793年），乾隆皇帝朱批实施无为州上河第三期工程，他认为该处河形弯道较大，永成圩坝工即使加筑宽厚，也可能被水冲坍，“何不将河形开挖取直，俾溜势离坝稍远，不至逼近坝根，用资保护”②。对于修筑过程中的贪腐行为，他认为：“至此项挑工，系该州绅士为保护田庐自行出资捐办，但向来地方官遇有挑河筑坝工程，动用官项，尚不免任意浮冒，从中侵蚀。今此项工程系绅士捐办，不肖官吏更难保无借端侵肥勒索等事。若因有地方公事，而官吏等转得借以饱其私囊，是非以便民，适以病民。”乾隆还对工程验收作了规定，“现虽据书麟奏称，俟工竣时亲往查验，不知堤工、河工一经放水，即难于勘实，惟应放水之前，据实查勘尺寸，不致作弊。更当饬该府、州于兴工时往来稽察。但该督驻扎江宁，既不能常往查勘，而仅委之府、州稽察，亦未必能认真办理此事。着专交朱珪就近随时亲赴工所督率稽查，毋任地方官吏、胥役等借端滋扰。书麟仍于工竣时亲往查验，以期一律稳固。倘稽查不力，官吏等稍有侵肥扰累等事，一经查出，惟朱珪是问，必将该官吏等及该抚一并从重治罪”③。

该朱批首先强调工程的施工方式，并作绘图。将河形开挖取直，且“已于图内用朱笔画志，着书麟等察看情形，将是否可行之处酌量办理”④。为了确保工程的顺利开展，清代许多大型堤防工程，一般都辅之以相应的工程督查、验收制度和严厉的赏罚办法。乾隆皇帝的朱批就体现了这种水利规章制度，他比较重视工程质量，要求严格稽查，并要求对堤防修筑过程中官员的侵肥滋扰现象坚决查处。

① 嘉庆《无为州志》卷五《水利志》，江苏古籍出版社1998年版，第73页。
② 嘉庆《无为州志》卷五《水利志》，江苏古籍出版社1998年版，第75页。
③ 嘉庆《无为州志》卷五《水利志》，江苏古籍出版社1998年版，第76页。
④ 嘉庆《无为州志》卷五《水利志》，江苏古籍出版社1998年版，第75页。

2.《示禁江坝积弊碑文》的颁布

《示禁江坝积弊碑文》是皖江江坝历史上由地方官颁发的最早的成文江坝规章。同治十三年（1874年），庐州知府李炳涛将无为江坝的施工以及管理方面存在的积弊，上奏安徽布政使裕禄，要求整顿坝工，这就是《示禁江坝积弊碑文》的由来背景。它由庐州府颁发的江坝整顿告示及布政使的批文两部分组成，该碑文要求如下：

首先，管理上严禁牵算不实，防止陋规弊端。“江坝弊端丛生，端皆造于牵算，与费者，长可移短，险可移夷，不与者反是。……惜牵算所以为患之处尚未逐细剔清，谨按算必先牵，牵有松紧之别，牵必以尺，尺有大小之分，至红椿浮置土上，远近宽阔不难更移。”[①]为杜绝弊端，要求“每届工估先期当堂较准，牵绳十掛，弓弹手给二三掛，余则分给各乡圩董、圩首，令其互自复丈”[②]。政府应该“切实仗估认真经理，毋得徒托空言，日久生懈”[③]。

其次，详细规定了水利官员工资和修防经费的来源和数量，禁革浮费。“除应有养廉各项外，该员等查工及驻工弹压，历年仍各给薪水银一百两，夫马饭食钱二百串，原无赔累，其绅董、书役、弓弹手等饭食纸张等项，按名计日各有开支，亦不合其枵腹从公，均足以示体恤，综计每年文兴、泰祥、复凝三官洲租息银八百数十两，全数作为此项之用，实为不少。”[④]碑文还规定了江坝岁修费用，“然每年岁修地段究不必创建，生工向来额设圩夫六千三百五十九名，毋论土方多寡例应供役。每名仍缴椿柴工费钱七十文，太洋洲又额缴柴四千余束，工料并非短绌，果能年年尽心踏勘核实，估计断无不敷，嗣后江坝工程除实系生工用款较巨不计外，所有岁修工程即以额夫六千三百余名，椿柴钱四百余，干柴四千束，覈实应用，不得滥行捐派以节民力”[⑤]。另外，革禁一切浮费，以节民力。官绅如再敢苛派扰累，私收肥己，即按律严办。

---

① 光绪《续修庐州府志》(一)卷十三《水利志》,江苏古籍出版社1998年版,第192页。
② 光绪《续修庐州府志》(一)卷十三《水利志》,江苏古籍出版社1998年版,第192页。
③ 光绪《续修庐州府志》(一)卷十三《水利志》,江苏古籍出版社1998年版,第192页。
④ 光绪《续修庐州府志》(一)卷十三《水利志》,江苏古籍出版社1998年版,第192页。
⑤ 光绪《续修庐州府志》(一)卷十三《水利志》,江苏古籍出版社1998年版,第192页。

再次，施工过程中严禁偷工减料。“如有不肖绅董并书差人等仍前苛派需索以及工程有草率偷减情弊，即行饬提郡破除情面严行惩办，毋稍宽纵是为至要”。如果发生“草率偷减”行为，必“罚令补修”[1]。

最后，碑文对江坝施工过程中的不法行为均列出具体的惩治办法。如碑文中强调：“如敢苛派扰累及圩首、董事私收肥己者，本府一经访闻，即按与受同科之例严办，至浮费既除工归实清。如再有包揽牵算及包沙草率诸弊，定即重惩罚令补修，其补种芦苇、栽插杨柳，毋得任人作践，均责成圩首、董事妥为照料，毋负本府整顿圩务保卫民生之至意。”“倘有阳奉阴违，一经访闻或被告发，定严行惩办。”[2]

《示禁江坝积弊碑文》受到当地百姓拥护。光绪元年（1875年），无为知州吴澐按照碑文的要求修筑了多处江坝退建工程，各项工程都顺利实施，整治坝工积弊的效果明显。

（二）乡规民约

皖江地区的江坝修防既有地方官府的规章制度，也有民间的乡规民约。皖江地区的乡规民约主要指按沿江江坝的受益田亩承担江坝修防任务的规定，以及一些修守旧例。如无为江堤在修筑过程中所遵循的“三公之法”。万历年间，水灾导致无为江堤不断崩坍，危及到人们生命财产，于是陈应龙、孙慈、陈鸣熙三位州守分别在无为修筑了一坝、二坝、三坝，这些坝堤的修筑保障了人们财产安全，为时人所称颂。在这些坝堤的修筑过程中，逐渐形成了一套江坝修守章则，如规定“每春纠合圩夫，董以农官，隶以夫长，出御江水”[3]，另外，还规定了劳力及工费来源以及防护办法等。这些规定对于调动人们修堤的积极性和对堤防的防护具有重要的作用，因此，被人们称为“三公之法”，后期，它就成为人们修筑堤坝的修守章则，“后有勤民者，非具三公之精神，以伸三公之约束，此坝正未易言也”[4]。安徽宿松县的同仁堤是按照董事会编制的“和、亲、康、乐、平、安”六个管

① 光绪《续修庐州府志》(一)卷十三《水利志》,江苏古籍出版社1998年版,第192页。
② 光绪《续修庐州府志》(一)卷十三《水利志》,江苏古籍出版社1998年版,第192页。
③ 光绪《续修庐州府志》(一)卷十三《水利志》,江苏古籍出版社1998年版,第172页。
④ 光绪《续修庐州府志》(一)卷十三《水利志》,江苏古籍出版社1998年版,第172页。

理段分别负担修防、筹措钱粮及出工等。马华堤与鄂、赣、皖接壤，每遇洪灾，坝破，修守就成为3省人们的头痛之处，3省人们意见不一，矛盾由此产生，导致此堤坝修筑质量得不到保证，3省人们的生命财产也得不到有效保障。清后期，3省专门召开会议，按议定的负担比例进行修筑，其比例分别为：湖北黄梅34%，广济22%，江西彭泽13%，安徽宿松31%。民国二十五年（1936年），马华堤与同马堤合并后，除大水年政府以工代赈堵口复堤外，正常的岁修防汛负担，均沿用旧例。

二、民国时期的堤防典章制度

民国时期，西方近代水利理论的引进，给我国水利领域带来了活力。我国出现了一批近代水利专家，如张謇、李仪祉、郑肇经等，他们在吸收西方先进理论的同时，结合我国古代的治水经验，开始思考我国的近代水利建设。在此背景下，民国时期水利管理机构逐步完善，与清代相比，比较明确和具体。与此同时，近代水利法制建设也开始在中国登上舞台。

民国时期，由于社会动乱、政治腐败、国库困窘，我国水利建设形势严重。具体到皖江地区，由于流域性洪涝灾害的频繁爆发，给沿江民众带来了深重灾难，沿江的水利建设引起了广泛的关注，其水利建设刻不容缓。一些有识之士认为当前皖江的水利建设首先要完善水利法规建设，这样才能在修筑和治理江坝时，有规可依。综合考察民国时期皖江水利法规建设，主要以民国二十年（1931年）的大水灾和抗日战争的爆发两次大事件为节点，下面主要从3个阶段阐述民国时期皖江的堤防法规建设。

（一）民国成立到民国二十年（1931年）时期的堤坝法规

民国二十年（1931年）大水灾发生之前的20年中，皖江地区水利法规基本沿袭明清时期的规章制度。民国十八年（1929年），安徽省政府专门召开全省水利会议，决定草拟本省的堤防修守法规。民国十九年（1930年），安徽省政府正式颁发《安徽省修守堤防通则》，该通则是民国时期最早在皖江江坝上实行的专业堤防修守法规，为皖江各堤坝的修防提供了专业的水利指导。该通则分为5章28条：第一章的主要内容为堤防的管理权限职责、组织形式、经费来源与开支办法；第二章的主要内容为修筑新堤的工程标准和施工要求；第三章主要内容为原有堤防的岁修和管理；第四章为防汛抢险规则，主要阐述了防汛抢险的注意事项和施工要求；第五章主要内容为管理保障制度。

皖江地区民众一直比较重视护堤，护堤法规是水利规章重要内容之一。为防止芦苇的砍伐导致堤防被破坏，政府和民众专门制定了一些规章制度加以防范。清至民国时期，由于人口增加，一些豪强开始围垦芦洲，这些芦洲原本是人们用来蓄芦护堤，保护农田，但却被豪强开垦，这势必会影响堤防的安全性。宣统元年（1909年），皖江地区发生了一起较大的水利纠纷，即无为闷湖洲的开垦，当涂县民王祖培购得无为闷湖洲一带滩地4 000余亩，准备开荒垦殖，开垦会导致保护江堤堤基的芦苇砍伐殆尽，造成沙土流失，影响江流，使堤决危险性增强。无为县绅民先后五次联名禀控，反对开垦，要求蓄芦保堤，为此还酿成人命案。此间，多任无为知州、知县卷入此案，都无法调解。直到民国四年（1915年），终退钱还洲，闷湖洲一带滩地得以禁垦，实现蓄芦护堤。民国十八年（1929年），在安徽省水利扩大会议上，和县建设委员张钺在其《请严禁沿江一带开垦芦洲以防护圩堤岸》的提案中指出："查近沿江一带，芦洲均皆垦作麦地，若遇江潮泛滥，风浪大作，则沿江圩堤，何堪受其冲刷，故圩外芦洲在十丈以内者，宜禁止开垦，以御风浪。圩堤之外，十丈以内，如无芦苇者，宜责成种植芦苇，以资保护"[①]。同年，安徽省建设厅发出关于蓄芦防水，永禁放垦的训令，"圩外蓄芦御风浪而护堤身，功效至宏……嗣后凡圩外近堤之地，应蓄芦苇，禁止放垦。其向为护堤蓄芦之地，近被摧夷或已垦熟者，饬县查核情形，酌量恢复，以固堤身，而防水患"[②]。民国二十年（1931年）大水灾后，无为县政府制定了《无为县蓄芦护堤办法》，拟将神塘河、七姓滩等现有沿堤芦洲"永远放荒蓄芦、籍资屏蔽，而杜后患"[③]。后来，该办法经建设厅修改后，批转饬令各县遵照执行。

① 《和县水利志》编纂委员会:《和县水利志》,方志出版社2011年版,第112页。

② 《和县水利志》编纂委员会:《和县水利志》,方志出版社2011年版,第112页。

③ 李卫华:《无为大堤志》,九州出版社2005年版,第245页。

（二）民国二十年（1931年）至抗日战争全面爆发（1937年）时期的堤坝法规

民国二十年（1931年），长江和淮河都发生了特大水灾，安徽沿江地区连续下了将近3个月的大雨，从年中一直下到9月份，长江干堤和主要支流堤防溃决200余处，当时真是一幅“万里无田庐，但见云树梢，野哭声断续，浮尸逐水草”[①]的惨景。水灾过后，时人开始对水利的建设进行了深刻反思。在安徽省政府呈送内政部的《安徽省办理水利情形报告书》中，开篇就写道“国中水政之秃败，至今日而达到极点！上年各省之绝大水灾，实予吾人一当头之棒喝”[②]。随后的4年中安徽省沿江地区又相继发生严重的水灾，进一步促使人们将水利立法作为重中之重提上日程。因此，这一时期颁发的与长江相关的水利法规是整个民国时期最多的，这些水利法规的颁发起到了一定的效果，特别是长江的水利组织机构和防汛抗灾的法规效果比较明显。

民国二十年（1931年）大水灾后，安徽省政府于同年12月颁发了《修正安徽省修守堤防通则》。该通则是在民国十九年（1930年）安徽省政府颁发的《安徽省修守堤防通则》的基础上修正而成的。该通则共30条，与原通则相比，其条款分类更加具体。此外，水灾后安徽省成立的水利机构，重新调整了各水利组织机构的管理权限、形式以及职责划分。在江堤维护方面，也制定了相应的章制。民国二十一年（1932年），无为县政府制定了《无为县蓄芦护堤办法》，这是皖江地区第一个有关蓄芦护堤的专门性的地方规章制度。民国二十三年（1934年）10月，安徽省政府颁布了《安徽省堤防造林办法》。

这一段时期，由于沿江水灾较多，灾后堵口复堤和江堤修防工作成为大事。于是一系列关于堤防水利工程堵口和修防施工方面的规章制度相继出台。其内容涉及面较广，主要有工程勘估、施工标准和管理、劳动力组织和来源、经费筹集和使用以及监督和竣工验收等。如民国二十年（1931年）12月安徽省政府颁布的《紧急实施修堤疏沟办法》，就是针对该年大水

① 安徽省地方志办公室:《安徽水灾备忘录》,黄山书社1991年版,第17页。

② 李卫华:《无为大堤志》,九州出版社2005年版,第383页。

灾后的江堤培修而制定的。后来，安徽省将其更名为《实施修堤疏沟办法》，作为修堤的规章制度重新颁布，要求各县江堤修防予以参照。

由于皖江江堤灾患较多，因此，针对防汛抗灾的水利法规是这一时期的特点。民国二十二年（1933年）5月，安徽省建设厅颁布了《安徽省加紧防御水患办法》，同年，安徽省水利工程处也颁发了《预防大汛办法五条》。民国二十四年（1935年）7月，安徽省政府颁布了两项有关防汛的法规，分别为《安徽省紧急防止水患施工办法》和《安徽省防汛督导员服务规则》。《安徽省紧急防止水患施工办法》是对《修正安徽省修守堤防通则》中有关防汛抢险方面各条款的补充。其内容为两大部分，第一部分为“防汛抢险时应办各种工程”，即针对汛期堤防可能出现的险情，分6个险情种类，在防险和抢险上，逐一“详示”各种应急处理措施的实施方法。第二部分主要包括汛前准备、防汛人员的配置与职责等方面的规定[①]。《安徽省防汛督导员服务规则》的颁布，标志着安徽省防汛督导委员制度的正式实施。该规则规定“督导委员直接受省政府建设厅之监督指挥，协同该管地段县长，督促堤工负责人员办理该管堤防之修守保护事宜”[②]。当然，沿江各地方县级机构也相继颁发了一些防汛方面的规章制度。如民国二十年（1931年）大水灾后，地方政府针对马华堤专门制定了防汛巡逻办法，主要内容为：沿堤设若干巡逻站，每站巡夫2人，轮流出巡。在宿松套口设巡逻总站，统一指挥。其巡夫由宿松、彭泽、望江就地保甲摊派担任；全线一昼夜来回巡逻6次，持“巡逻汛符”达到次站，次站继续传递，一旦发现险情，即刻报告当地保甲，同时飞报总站，以便迅速采取补修抢救；总站设巡警6人，监督巡夫有无怠忽；每站建芦席棚，置巡堤马灯2盏，巡警及巡夫每天补助伙食费2角[③]。民国二十二年（1933年）6月，无为县政府也颁布了《无为县防汛抢险办法四条》。这些地方性防汛规章的制定使沿江江堤的防汛取得了一定效果。当然，这一时期，颁发较多且效果最好还是关于水利组织机构方面的法规规章。

① 李卫华:《无为大堤志》,九州出版社2005年版,第384页。

② 安徽省地方志编纂委员会:《安徽省志·水利志》,方志出版社1998年版,第468页。

③ 安庆市水利局:《同马大堤志稿》,安徽省水利志编辑室2001年版,第87页。

（三）抗日战争全面爆发到中华人民共和国成立时期的堤坝法规

这一段时期是国家水利立法的主要时期，在这段时期中，涉及皖江堤防水利的法规比较多。抗战时期，安徽省对抗战前的水利法规进行了修改和筛选，以适应战时水利修防的需要，并予以重新刊发，这类重新修改和整合的水利法规共有8件。

在这一段时期，国民政府和安徽省相继颁发了一些新的水利法规，其中有一些水利法规具有十分重要的意义。民国二十六年（1937年）10月，国民政府颁布《修正整理江湖沿岸农田水利办法大纲》，其中专门规定了大江大河、湖泊应按“寻常洪水（约十年一遇之洪水）流线所及与洪水停储所需的范围”划定水陆分界线，沿界建立防水堤。对堤防的外滩地、蓄洪区土地，本着防洪与兴利兼顾的原则，规定了利用与管理办法。它的颁布，被认为是“我国有史以来，处理水利与农田上第一次最合科学原则之法定的与水争地的办法”。它对实行长江堤防护堤地的划归与管理也具有积极的意义[①]。民国二十八年（1939年），安徽省政府专门针对皖江江堤的督修颁发了《安徽省长江流域干支各堤督修办法》，共23条。该法规除了工程标准、施工组织、施工管理方面的内容外，还有特别针对抗战时期的特殊条款。当然，这阶段的水利法规具有时代意义的是《水利法》的颁布。《水利法》共9章71条，于民国三十二年（1943年）正式实施，同时实行的还有《水利法施行细则》。《水利法》的主要贡献在于提出了水权的概念，它的实行，保护了水利资源和水利工程，标志着我国水利开始真正走向法治的轨道。因此，它是我国第一部建立在近代水利科学基础上、比较完备、承前启后的国家级法规。

抗战胜利后，安徽沿江各地开始对堤坝进行全面修复。为修复无为黄丝滩江堤，安徽省政府于民国三十五年（1946年）制定了《黄丝滩江堤工作督导队组织大纲》。该大纲对于安徽省善后救济分属在无为县黄丝滩江堤的工作督导具有重要指导作用。为使长江各江堤顺利进行修防，民国三十六年（1947年）11月，水利部制定《长江江堤护修办法》，主要包括堤防管理、修护、奖惩等方面的内容，是长江堤防专门立法的重要成果，被称为

① 李卫华:《无为大堤志》,九州出版社2005年版,第386页。

“民国时期由中央政府部门制定的最完整、系统的专门的长江堤防规章”[①]。

当然，民国时期皖江地区与堤防水利相关的法规远不止上文提到的，具体见表4-1。

表4-1 民国时期与皖江堤防水利有关的水利法规规章一览[②]

序号	名称	颁发时间	颁发单位
1	安徽省修防堤守通则	1930年	安徽省政府
2	紧急实施修堤疏沟办法	1931年12月	安徽省政府
3	修正安徽省修防堤守通则	1931年12月	安徽省政府
4	负责办理之机关组织办法	1932年1月	安徽省政府
5	县长对于水利应办之事项	1932年	安徽省建设厅、民政厅
6	安徽省各县办理水利人员奖惩规则	1932年4月	安徽省政府
7	安徽省各县县长办理水利考成规则	1932年4月	安徽省政府
8	圩堤守护办法四条	1932年7月	安徽省建设厅
9	安徽省各县水利工程委员会规则	1932年12月	安徽省政府
10	安徽省加紧防御水患办法	1933年5月	安徽省建设厅
11	预防大汛办法五条	1933年	安徽省水利工程处
12	扬子江防汛委员会防汛办法	1933年	扬子江防汛委员会
13	兴办水利奖励条例	1933年11月	内政部
14	兴办水利给奖章程	1933年11月	内政部
15	接修江淮干堤督工办法	1933年11月	安徽省政府
16	安徽省补修江淮干堤督工委员会服务规则	1933年11月	安徽省政府
17	安徽省补修江淮干堤征工通则	1933年11月	安徽省政府
18	安徽省被溃圩堤借款修复办法	1933年12月	安徽省政府
19	安徽省贷款修堤办法	1934年4月	安徽省政府
20	安徽省堤防造林办法	1934年10月	安徽省政府
21	二十四年度扬子江防汛办法大纲	1935年5月	扬子江水利委员会
22	安徽省紧急防止水患施工办法	1935年7月	安徽省政府
23	安徽省防汛督导委员会服务规则	1935年7月	安徽省政府
24	安徽省沿江堤防抢险贷款办法	1935年7月	安徽省政府
25	安徽省各县兴办水利征工章程	1935年10月	安徽省政府

① 李卫华:《无为大堤志》,九州出版社2005年版,第387页。
② 李卫华:《无为大堤志》,九州出版社2005年版,第388—390页。

续　表

序号	名称	颁发时间	颁发单位
26	圩堤防汛办法	1935年10月	安徽省政府
27	本年扬子江黄河堵口复堤办法大纲	1935年10月	全国经济委员会
28	二十四年江河堵口复堤工程办理细则	1935年10月	全国经济委员会
29	修复本年湘鄂赣皖四省堤防勘估办法	1935年10月	扬子江水利委员会
30	复堤施工须知	1935年10月	扬子江水利委员会
31	修正扬子江防汛办法大纲	1936年6月	扬子江水利委员会
32	国民工役法	1937年7月	国民政府
33	国民工役法施行细则	1937年10月	内政部
34	修正整理江湖沿岸农田水利办法大纲	1937年10月	国民政府
35	修正整理江湖沿岸农田水利办法大纲执行办法	1937年10月	国民政府
36	安徽省非常时期兴办水利纲要	1938年	安徽省政府
37	安徽省长江流域干支各堤督修办法	1939年2月	安徽省政府
38	各县汛期圩堤守护暂行办法	1940年7月	安徽省政府
39	江淮流域防汛应注意各点	1940年7月	安徽省政府
40	各县汛期堤工守护对编组及服务规则	1940年7月	安徽省政府
41	安徽省各县筑堤占毁田亩补偿办法大纲	1940年10月	安徽省政府
42	水利建设纲领	1941年1月	经济部
43	惩治妨害堤工办法	1941年5月	安徽省政府
44	安徽省各县堤工委员会组织章程	1942年1月	安徽省政府
45	安徽省各县水利工程实施办法	1942年	安徽省政府
46	安徽省督导各县水利实施暂行办法	1942年	安徽省政府
47	水利法	1942年7月	国民政府
48	水利法实行细则	1943年3月	行政院
49	兴办水利事业奖励条例	1943年7月	国民政府
50	利用义务劳动兴办水利实施办法	1945年8月	全国水利委员会
51	黄丝滩江堤工作督导队组织大纲	1946年1月	安徽省政府
52	长江江堤护修办法	1947年11月	水利部

第三节　清至民国时期皖江堤防水利的运行模式

一、水利行政趋向统一化

清代，其政务基本沿袭明制，分属六部处理。其中工部职掌屯田、水利方面的政令。工部专门设都水司负责各地河道、灌溉渠系的疏浚、水利工程的建设与用水管理。但同时，朝廷又设河道总督负责具体水利事务，并且规定河道总督加兵部尚书、都察院右都御史衔，其权力较大，直接受命于朝廷，河道总督常派苇荡营参与皖江江坝的勘察和施工管理。朝廷中央出现了工部和河道总督同时管理水利的局面，导致权力相互制约。具体到皖江堤防，除了都水司和河道总督管理外，一些大的工程，皇帝常派钦差大臣处理或亲自处理。如无为洲的上河工程，乾隆皇帝亲自朱批，并要求总督书麟和巡抚朱珪严格督察和验收，防止贪腐，影响水利工程。这种由皇帝亲自过问的情况在清代水利史上比较常见。

但是清代皖江地区大部分水利工程还是由地方政府管理修建。由于堤防工程是防洪屏障，对农业发展具有重要保障作用，江坝修防历来非常受重视。凡江坝的修防和防洪，府、州地方官员都直接负责或参与。皖江许多江坝修建都是在地方官员的主持下完成的。如无为州的颜公坝、陈公坝、孙公坝，都是以地方官员的姓氏作为坝名，表达了人们对地方官员的感激之情；安庆第一条长江防洪堤——广泰圩江坝就是在怀宁知县沙琛主持下于嘉庆八年（1803年）修建的。因此，地方官员在皖江堤防水利建设中发挥了重要作用。

纵观清代的水利行政，与明代相比，其水利机构设置有一定的提高，从中央到地方都有水利管理机构，但整体上机构的管理权限并不明确和具体，统一化程度并不高。

到民国时期，水利行政逐步向统一化发展。民国初年，国家的水利管理机构主要为内务部和农商部。民国二年（1913年），全国水利局成立，成为主管全国的水利机构。但是水利行政仍然分属不一，其中水利工程建设归建设委员会管辖，但河道疏浚又归交通部管辖，水灾事宜则属于内政部管。民国十年（1921年），国民政府又专门成立了长江水利机构——扬子江水道讨论委员会，分管长江水利事务。水利行政的人为分割和各部门之间的相互独立、互不统属的状况导致办事低下，影响水利事业建设。民国二十年（1931年）水灾后，国民政府开始意识到水利行政建设的重要性，这一时期，水利管理机构建设力度较大，同时调整幅度也比较大。地方水利管理根据中央的行政体制作相应调整，逐步统一化。民国二十三年（1934年），国民政府颁布了《统一水利行政及事业办法纲要》，成立了全国经济委员会，并规定："各部会有关水利事项之职掌统归全国经济委员会办理。"[①]民国二十四年（1935年），长江流域性水利机构扬子江水道整理委员会合并到扬子江水利委员会，是以防洪为中心的长江综合治理机构。长江流域性水利机构也归全国经济委员会管理，全国水利行政开始统一化。具体到各省和县，水利机构也相应得到调整。这样，从中央到地方都有统一的水利管理系统，对于当时的水利建设具有重要的意义。

二、管理模式趋向法制化

清代，关于水利的规章和堤律比较多，除了国家制定的通行的水利法规之外，主要就是官员的奏折或地方官员颁布的碑文等。清朝历代皇帝都很重视水利的立法，特别是对黄河、运河的管理，已经形成了以防洪为中心的一系列水利法规制度。具体到皖江堤坝，地方性的法规不是太多，一般管理基本按照国家的法规处理，也有的是根据地方官员的规定或乡规民约来处理。

清代时，国家对水利堤防的管理比较严格，尤其注重堤坝工程建设中的监督和奖惩机制这两个环节。为监督水利工程的实施和工程质量，国家实行按验制度和差官察访制度。整个水利工程从规划、建设、竣工都处于政府的监控之下，管理体制比较完善。所谓按验制度就是指水利工程建设前必须向有关部门提交建设规划，看是否可行。如果可行，就令兴建，如若不可行，即要放弃。如乾隆十年（1745年），江南总督尹继善就向朝廷呈

① 郑肇经:《中国水利史》,上海书店1984年版,第162页。

报《奏请无为州动帑开河折》，经过工部按验允准，该工程于次年开始动工。当然，工程动工后，工程的质量和工程的经费用途就成为重点关注的对象。朝廷一般委任正直勤勉的官员负责工程建设，并经常派官员督察。竣工后，严格实行验收制度。乾隆五十八年（1793年），乾隆皇帝对无为州的上河工程建设明确要求做好稽查工作。“更当饬该府、州于兴工时往来稽察。但该督驻扎江宁，既不能常往查勘，而仅委之府、州稽察，亦未必能认真办理此事。着专交朱珪就近随时亲赴工所督率稽查，毋任地方官吏、胥役等借端滋扰。书麟仍于工竣时亲往查验，以期一律稳固。倘稽查不力，官吏等稍有侵肥扰累等事，一经查出，惟朱珪是问，必将该官吏等及该抚一并从重治罪。”[①]竣工后，两江总督书麟、安徽巡抚朱珪并和地方官员对工程进行验收，“逐段测量，宽深丈尺悉与原估相符”[②]。

清代对于堤坝建设的官员和相关人员实行严格的奖惩制度。许多官员就是因为水利工程的修防而获得晋升或革职查办。这样的例子在当时比比皆是。乾隆五十九年（1794年），上河工程竣工，两江总督和安徽巡抚对卢大鹏等11名董事当即给予奖励。对于在工程中玩忽职守的官员，丝毫不手软，将其革职查办，并且加以经济处罚。经济处罚的目的是用其赔款修筑毁坏的水利工程。如道光二十八年（1848年），长江大水，无为江坝的青山圩堤溃破。汛后，安徽巡抚王植令、无为知州刘汝刚及候补直隶州知州张应云共同督办青山圩堤的修复工程工作。但刘汝刚、张应云玩忽职守，一再延误工期，且施工期间“未能常川驻工催趱，仅委土桥汛巡检秦锡堂就近管理”[③]，致使工程质量低劣。二十九年（1849年），长江又大水，青山圩堤再次崩溃。事发后，朝廷据实核查，确系官员玩忽职守所致工程质量低劣。道光皇帝下旨查办：“该印委各员等任意因循，均属玩匆要工。刘汝刚、张应云、秦锡堂着一并先行革职。”依据当时的法规，还要加以经济处罚，“所有补挑一切工程，即责令原修之员赔修，以示惩儆”[④]。

---

① 嘉庆《无为州志》卷五《水利志》，江苏古籍出版社1998年版，第76页。

② 嘉庆《无为州志》卷五《水利志》，江苏古籍出版社1998年版，第77页。

③ 中国水利电子科学研究院水利史研究室：《再续行水金鉴·长江卷1》，湖北人民出版社2004年版，第318页。

④ 中国水利电子科学研究院水利史研究室：《再续行水金鉴·长江卷1》，湖北人民出版社2004年版，第318页。

清代的水利法规相对以前来说，数量增多，严厉程度提高，但是仍然不健全，特别是针对地方水利的法规比较少。皖江的堤防水利规章制度主要依靠乡规民约来管理，会带来一定的弊端。另外，纵观清代的堤防水利法规，尽管法治建设取得了一定成就，但皇权和行政权力无处不在，对法治的实施产生较大影响，封建专制主义比较明显。清代水利工程的建设必须由工部或河道总督批准，有的甚至要得到皇帝亲批方可允准。处理水利的具体事务以及官员修防责任制的考核、奖惩都由朝廷直接认定。由于封建专制主义的盛行，人治高于法治，官员兴修水利的积极性未能充分调动，这势必影响水利工程建设的效果。

民国时期，随着西方近代水利理论和科技的引进，一些有识之士开始意识到近代西方技术对于我国水利建设的重要性，他们在国内倡导和推行水利法规建设。因此，整个民国时期，由国民政府和地方颁布的水利法规比较完善，涉及工程建设与管理、防汛抢险、组织机构、奖惩制度、征工与资金筹集等方面。具体的法规在上节已详细叙述，这里不作阐述了。皖江地区的堤防水利，其法规主要涉及防洪抢险、堤坝建设、施工管理以及组织机构等方面。皖江地区堤坝法规除了县级地方颁发的规章以及乡规民约外，涉及堤坝建设的法规有52件（见表4-1）。民国十九年（1930年），安徽省政府颁发《安徽省修守堤防通则》后，皖江开始有了省级官方的堤防修守制度，为以后堤防修守提供了法律依据。此后，安徽省政府以此为模板经过两次修正后，重新颁布，为地方政府制定其他堤防修守方面的典章制度提供了参考。

长江流域性的法规在这一时期也比较突出，主要涉及江坝护修和防汛方面。如民国三十六年（1947年），水利部制定的《长江江堤护修办法》就是一个典型。可以说它是民国时期制定的比较完整、系统的长江堤防规章，是长江堤坝专门立法的重要成果。

真正具有划时代意义的水利法规是民国三十一年（1942年）国民政府颁布的《水利法》，这是我国第一部比较完备的具有近代意义的法律典章，它结束了自唐代以来我国没有颁发国家大型成文水利法规的时代。《水利法》吸收了西方近代水利法规知识，引进了水权的概念，对我国的水利保护具有十分重要的意义。由以上内容可见，民国时期，水利法制化比较明显。

三、堤防修护趋向近代化

清末，西学东渐，我国水利事业在吸收西方先进的科技思想和理论的基础上，获得了前所未有的发展机遇。近代科技的引入，为我国水利事业的发展提供了契机，涌现出了一大批像李仪祉、郑肇经这样的水利专家，他们长期在国外游学，积极吸收西方的水利理论，回国后对于我国的传统水利建设，提出了自己的观点。李仪祉在探讨历代治河收效甚微的原因时，认为："筑堤无学理之研究，守护无完善之方法，官吏无奉公之才德耳，洗清积弊，力谋更新始可。"①这些新的理论，对于民国时期我国的水利近代化建设具有重要的意义。

水文测验和水准测量技术在长江堤防上的运用，为长江的防护提供科学的勘验数据，是长江堤防建设近代化的开始。光绪六年（1880年），安徽省开始采用近代科学方法进行水文观测。当时观测机构主要是一些天主教堂和海关，民国时期，观测水文和长江水位的主要机构为天主教堂、海关、流域机构、省建设和水利部门等机构。流域性机构长江水利委员会从事长江水道测量和水文测验工作，以便为长江修防提供科学依据。清末民初，安徽省水文测站多设在江、淮干流地段，以便观测水位、雨量和流量。民国十八年（1929年），安庆水位站增测蒸发量，系安徽省最早的流量、泥沙和蒸发站。民国二十二年（1933年）到二十五年（1936年），安徽省建设厅水利工程处先后在长江、淮河支流上设水文测站。测量是水利工程建设的基础，为水利建设规划提供技术支撑。民国时期，我国测量技术主要运用于河道疏浚、防洪、水电、农田水利和航运规划等前期工程服务。民国三十五年（1946年）到三十七年（1948年），长江水利工程总局为检查历年长江大水后沿江水准标石的稳定性，校测镇江之马当段二等水准线518公里，其中安徽省达400公里。另外，民国时期，一些西方引进的新型水利材料也广泛运用于我国的水利建设中，如水泥、钢材等。水泥和钢材是水利工程中比较关键的材料。它们的出现给水利工程建设带来了新的变化，使堤防

① 李仪祉：《李仪祉水利论著选集》，水利电力出版社1988年版，第639页。

稳固性提高。这一时期我国还具备了水泥灌浆技术，并在堤防建设上采用钢筋混凝土结构建筑，这为皖江堤防的质量提供了保障。从清末到民国时期，皖江的堤防建设开始朝着近代化方向发展。

第五章　清至民国时期堤防工程对皖江地区自然生态的影响

生态“就是生命物质与其环境所形成的结构以及这种结构表现出的功能关系（能流、物流、信息流等）”[①]。生态具有自然性、社会性和经济性三种属性，因此，生态可分为自然生态和社会生态，自然生态是指自然界生物的生存环境（生境），包括水分、土壤、空气、温度、阳光等无机自然环境，以及植被、动物、微生物等有机自然环境[②]。社会生态是指人类社会和自然环境相互作用的生活状态。社会生态与生态的社会性、生态的经济性和人类社会生态相互关联[③]。堤防水利工程的兴起是人类与自然生态相互作用的产物，它是为有利于人类生存发展而对水环境进行改造的工程[④]。安徽沿江地带农业开发较早，到清代时，沿江的湖泊滩地基本开发完毕，形成了规模较大的圩田。农业是人类的衣食之源，圩田的开发能够扩大粮食耕种面积，因此，沿江地带圩田的保护显得尤为重要。为了保障农业生产，清至民国时期，皖江的堤防水利建设处于兴盛时期，无为江堤、同马大堤、广济圩江堤、芜当江堤、枞阳江堤等堤坝都在这一时期得到修护和建设。虽然堤防工程保障了人类的生命财产安全，但由于知识的局限和技术的落后，在堤防的修筑过程中，不可避免对自然生态造成一定的冲击和破坏。就皖江地区而言，堤防工程建设不仅对当地的水系环境和航运通道的自然

① 周小平:《生态是什么——对生态的实质及其表现形式的初步探索》,《生态学杂志》1991年第5期。

② 叶峻:《从自然生态学到社会生态学》,《西安交通大学学报(社会科学版)》2006年第3期。

③ 叶峻:《自然生态、社会生态与社会生态学——兼议“生态系人”的特点和品质》,《贵州社会科学》1998年第4期。

④ 陆孝平,徐世均:《水利工程对生态与环境形成负面影响的对策探讨》,《水利发展研究》2005年第10期。

形态产生了影响，而且对区域生物群落也影响深远。本章主要就堤防工程对皖江地区自然生态的影响作一探讨。

第一节　清至民国时期堤防工程对水系生态的影响

水系是由干流、若干级支流及流域内的沼泽、湖泊、地下河等组成，其形式有扇形、羽毛状、平行状及辐射状等，水系的不同形式影响流域内水流的水文过程线的形状。皖江地区堤防工程的兴建和变迁往往会破坏水系环境的自然形态，改变这一地区的水系格局和江河湖泊的地貌结构等，从而导致与长江自然相连的湖泊的自然生态发生剧烈的演变。本节重点就堤防工程中的河道开浚、闸坝和江坝等工程对水系生态的影响作一阐述，并进一步探讨水系的变迁对皖江生态环境的影响。

一、河道开浚工程的影响

河道开浚工程就是指对河道进行的挖掘、疏浚等工程。开浚工程主要目的在于疏浚河道，便于排泄洪水，或是让地迁河，满足堤防建设的需要。这类工程在皖江地区比较常见。河道开浚虽然在保障农业发展方面发挥了重要作用，但同时也对该地区的水系生态产生了一定的负面影响。

一般河道开浚主要是为了减少水灾对农业造成的巨大灾害。如《桐城县志》载，桐城县“城北有河发源于龙眠诸山，由是而东而南，汇太湖达长江，其支流所引为西南疆亩水利”。每到春夏之交时，“众流合聚，激箭若雷，数年来坏民居而入，直冲北郭下，不惟风水攸关浸匕乎！有内啮城址之患矣”。康熙十一年（1672年），桐城知县胡必选为减少灾患，“谋之耆老”，雇募民夫，用疏浚之法对河道进行“深浚，河行故道，束之使不得他出”。该工程始于夏而竣于秋，“计堤长七十有八丈，深一丈有三尺，横亘称之”，自此以后，“河流式序，山岳效灵，南亩资灌溉”[①]。滁河水系发达，支流众多，其流经来安县境内时，与沙河、清河等支流汇合，但由于下游河道浅窄，不易通畅，下大雨时积水无法排走，常导致堵塞，造成洪

① 康熙《桐城县志》卷七《修河纪事》，江苏古籍出版社1998年版，第239页。

涝灾害。明清时期，官府曾想开浚朱家山支河以解决滁河下游水流不畅问题，但由于六合地方乡绅因其损坏田地而加以反对，未能成行，“致各圩时被水灾”[①]。河道堵塞的原因除了自然因素外，也有人类活动的原因。由于人们常常开垦田地，水土流失严重，造成水道堵塞，扰乱河道水系，使水利格局被打破，洪水不能顺流，难免成灾。因此，若想减少灾患，必须顺其水道进行疏浚，从而提升水利工程效益。

开浚河道要尊重自然，如果人为强制改变水系生态，扰乱水利系统，会造成严重的负面影响。如舒城县的南溪河原本绕县城南关外而出，不仅是县邑风水所关，舟楫直抵城下，而且其河流能灌溉田数万亩。但万历年间县令“陈魁士凿龙王荡石埂，开七里河，河南徙”[②]。这次新开河道不久即告淤垫，而且也使“县旁七十里之田，无水灌溉，半成焦土。舟楫商贾不通，民生日以凋敝。”[③]造成这种局面的原因主要在于其开浚的新河道违背了水系规律，破坏了水利系统。康熙年间，民众为恢复水系奔走相告，朱振、周振华都极力开复，但不久也湮塞。康熙六十一年（1722年），蒋鹤鸣因“河道淤为陆地，遂赈饥募疏瀹，自龙王荡讫县河口，水还其故”[④]。但十余年后又塞，乾隆朝时，县令姜朝乘、徐绍鉴等先后开浚，数十年后，水势终于复归[⑤]。由此可见，水系扰乱后对当地生态的影响非常严重，人类要恢复以前水系面貌，付出的代价比改变水系要大得多，得不偿失。

开浚河道的另一个原因是堤防工程建设和修理的需要。以无为县为例，无为县素称泽国，全县“惟赖一线长堤抵御江水”，因此史志记载无为江坝为“和、含、庐、巢之咽喉也”，但是“自前明时涨发新洲，横亘江心，致江水折而北趋，江北沙滩日被冲刷，其间自夹河梢至刘公庙，计五十余里，当冲被啮”[⑥]。因此防止江坝崩坍是当地最突出也是亟待解决的问题。无为江坝经过乾隆三十年（1765年）的培修后，江岸仍然崩坍，威胁江坝安全，

① 道光《来安县志》卷十三《艺文志》，江苏古籍出版社1998年版，第491页。

② 舒城县地方志编纂委员会：《舒城县志》，黄山书社1995年版，第46页。

③ 史州：《安徽史志综述》，安徽教育出版社2002年版，第564页。

④ 舒城县地方志编纂委员会：《舒城县志》，黄山书社1995年版，第46页。

⑤ 张崇旺：《明清时期自然灾害与江淮地区社会经济的互动研究》，厦门大学2004年博士论文，第251页。

⑥ 嘉庆《无为州志》卷五《水利志》，江苏古籍出版社1998年版，第72页。

特别是鳍鱼口一带的江坝，但是“濡郡江坝连溃，欲捍筑无地取土，工役维坚”，乾隆三十四年（1769年），安徽巡抚冯钤“轸念民依，亲勘得江水斜溜，缘江心有太阳洲阻塞，下流不能顺势，逐致回啮坝址，屡为倾圮。”于是决定开展挖洲工程，“议于太阳洲首大为开浚，使其势不触流回溜，庶坝基可固，而水患可弭。并以所浚之土，舟载渡江，增筑北岸，更为一举两得。”同年春，无为州守张侨组织实施该工程。然而“累二三月，洲势低豁，疑为有益，岂知洲根深固，又本以壅聚沙土而成，督役虽严，而旋浚旋淤，力勤效少。”至于用船所载之土，又多属细沙，散松而不牢固，不可用于坝堤。五六月时，江水猛涨，工程被迫中止。是年无为州发生水灾，田庐被淹。灾后，“水定视洲，洲仍如故，劳民伤财，无济于事”。乾隆五十四年（1789年），又一道宪坚持重新实施挖洲工程，但不足一个月，“其弊视前，此为尤剧”，于是公认“挖洲一役于江坝毫无裨益”[①]。可见想通过人为地开浚沙洲，改变水系来治理江坝，无疑会违背水利规律，注定难以实现。

清代，堤防建设主要是以退建堤的方式阻遏洪水。乾隆年间，由于“坝日迁而地日促”，在无为县鲍家桥至姚沟一线，江堤不断崩坍致使内河之西河与江坝日趋逼近，灾患危急。为了使退建堤有能建堤坝的根基，西河必须改道，实施迁河筑坝工程。西河为长江一级支流裕溪河右岸支流，以近乎与长江平行的方向东下，自缺口东流至永安河口附近的马家渡后，即折向西南，然后流至姚沟，再北至飞雁投湖，这段西河被称为王家渡河。在王家渡河的内侧还有三条大致自西向东流向的古支汊小河，南侧的称下河，与王家渡河距离最近，北侧的为上河，中间的为中河。乾隆年间的开河筑坝工程，使西河进行了两次改道，从而改变了西河的水系格局。整个工程分为三个阶段：第一阶段为乾隆十一年（1746年）的开浚下河工程。经过下河工程的实施，一方面使西河河段被裁弯取直，河流流势通畅，利于江堤维护。另一方面，为后期的江堤退建留出了较宽松的余地，为后来修建退建堤、内护堤提供了条件；第二阶段为乾隆五十三年（1788年）动工的上河工程中的第一期工程——月河工程。由于无为江坝上段崩坍不断，此段江坝又面临退建无地的局面，必须弃地重新开河筑坝，因此安徽巡抚

① 嘉庆《无为州志》卷五《水利志》，江苏古籍出版社1998年版，第77页。

书麟向朝廷奏请实施月河工程。月河工程的实施，使荻港圩一带“坝基得八十余丈”[①]；第三阶段为上河工程中的第二期和第三期。第二期工程为引河工程，乾隆五十八年（1793年），月河又面临沦没，于是，引河工程开展起来。但是开浚的引河“通水让地筑坝有基，实为救急之计”[②]。同年，由于江水涨发，张谢圩、永成圩一带江滩外陷，江堤崩坍，而这时又无地可筑，形势危急，已上任为两江总督的书麟根据亲勘无为江坝的情形，决定上书朝廷实施上河工程中的第三期工程。乾隆五十九年（1794年），第三期工程完工，上河河道全线贯通。上河通水后，“水势深通，舟楫往来畅顺”[③]，并“泄黄、白二湖及州西南诸山之水”[④]。开河筑坝工程的实施，暂时缓和了退建堤坝无根基的问题，保护了当地的田庐，但仍然抵挡不了洪水的侵袭，终不能长久。后来，道光和同治年间又进行了灾后大规模全堤培修工程。

二、闸坝工程的影响

（一）泥汊坝、神塘坝的修建对西河水系生态的影响

巢湖流域的西河是一条自长江左岸东下的平原河流，此河是在圩田开垦过程中形成的。它“上承黄、白二湖之水溉田尤多，东流至山东湾，由顾家渡入马家渡下新河至飞雁投湖”[⑤]。西河的通江入口都是从上游向下游推移的，比较早的通江口为新安桥和刘家渡。后来，由于人们的围垦圈圩，有些入口处也变成了圩田，明代时，刘家渡和新安桥通江口相继堵塞了，万历年间建新安桥陡门。因此，西河的入江口向中下游移动，到乾隆年间，“凡通江之水口有三，曰泥汊，曰神塘，曰裕溪。泥汊居上，春水方生，上接至凤凰颈引黄、白二湖西来之水，折而至飞雁投湖，以迤于东，秋冬水落下注于江。河道数十里，形如弦，直出水利，便实为庐邑之水口。神塘

① 嘉庆《无为州志》卷五《水利志》，江苏古籍出版社1998年版，第74页。
② 嘉庆《无为州志》卷五《水利志》，江苏古籍出版社1998年版，第74页。
③ 嘉庆《无为州志》卷五《水利志》，江苏古籍出版社1998年版，第75页。
④ 嘉庆《无为州志》卷五《水利志》，江苏古籍出版社1998年版，第75页。
⑤ 嘉庆《无为州志》卷五《水利志》，江苏古籍出版社1998年版，第71页。

居中，河面既宽，河底亦深，水得顺流，州城距河口五十里较他处为近。州境諸水所由出焉。裕溪最下，上泄巢湖全湖之大，旁引黄、白二湖之远，二水合流，其源各数百里。江潮内灌，夏秋暴涨，运漕、黄雒河交汇之区。汛滥洋溢莫必西东，冬令水退，出口则尤为湍急，此则州境水利情形之大致也”[①]。但无为“每遇江潮泛涨，总有神塘、泥汊两口倒灌而入，无为首受水患”[②]。为防止江水倒灌，同治十二年（1873年），“尹前州谋诸绅董，为暂拯目前之急，冀免江潮之患，将两河口堵闭。原议俟民力少舒作建闸疏河之计”[③]。后来，由于民力不济，闸未建。

西河之泥汊、神塘两通江河口，由于人类的围垦，被人为堵塞，以致西河的出江口仅留下裕溪口一处，西河水系生态被打乱，水系的扰乱导致水灾泛滥。泥汊、神塘两坝建后，“江潮虽不能入，而腹内黄皮湖、白湖上承舒、庐二邑并巢湖之水，均由州境一线河流自南而北绕到黄雒河以入裕溪。出入内河，形势弯曲，水行纡缓，既难畅遂，自必横流放决，随处浸漫。我等腹地数百圩，面面临水，年年受害”[④]。并且，“一经筑坝，水不疏通，庐邑城河遇旱无水，居民怨苦，不便一也；舟楫不通，生意清淡，店铺闭歇，不便二也；倘遇山洪涨发，无处宣泄，无为、庐江均成泽国，田庐何以保全，不便三也；且商贾不至罗昌河，厘卡几成虚设，不便四也”[⑤]。

光绪五年（1879年），庐州知府黄云对修建泥汊、神塘两坝堵塞河口的做法深为愤慨，认为：“水乡河道，均须宣泄疏通或建闸启闭，从未有专任堵塞一法。该州境内三口，裕溪专泄巢湖之水；泥汊专泄黄、白两湖之水；神塘分泄州南之水。古人创兴水利，成此三河，已历数千百年，从无更易。即道光时频年江水为灾，亦只议建闸，未闻将江口堵塞。尹前牧为一时权宜之计，遂将两河堵闭，去一患又增一患。”[⑥]无为四面皆水，圩田众多，“泥汊、神塘、裕溪三河通江，原系古制，实为利赖，间遇江水盛涨之年，

① 光绪《续修庐州府志》(一)卷十三《水利志》,江苏古籍出版社1998年版,第184页。
② 光绪《续修庐州府志》(一)卷十三《水利志》,江苏古籍出版社1998年版,第183页。
③ 光绪《续修庐州府志》(一)卷十三《水利志》,江苏古籍出版社1998年版,第184页。
④ 光绪《续修庐州府志》(一)卷十三《水利志》,江苏古籍出版社1998年版,第183页。
⑤ 光绪《续修庐州府志》(一)卷十三《水利志》,江苏古籍出版社1998年版,第183页。
⑥ 光绪《续修庐州府志》(一)卷十三《水利志》,江苏古籍出版社1998年版,第183页。

灌入内河，圩堤不无临险，若得圩民齐心救护，亦无妨碍”[①]。为防水患，必须在两河口建闸。光绪十年（1884年），泥汊河口破坝建闸，即泥汊坝子大斗门，该斗门闸孔宽1米，高1.60米。神塘河口直到民国五年（1917年）才建新坝闸。

（二）闸坝工程对华阳河水系生态的影响

华阳河流域位于长江下游的北岸，西起湖北盘塘，东至安徽望江，北界大别山外围山岭，南滨长江，包括湖北省的广济、黄梅和安徽省的宿松、太湖、望江的全部或部分地区[②]。华阳河流域的中部是流域最为低洼之地，主要为湖泊地带，湖泊主要有感湖、龙湖、大官湖、黄湖和泊湖等，这些湖泊与皖河下游的武昌湖原有后河串通，汛期时连成一片，华阳河水可由皖河处入江。

明清时期，垦殖达到高峰，华阳河湖泊周围的滩地基本垦殖完毕。由于华阳河通江河道既宽又深，汛期时，江水倒灌，湖水高涨，望江、宿松、太湖等县的圩田常常受灾。“灾害之甚，惨不忍睹。”[③]因此，清至民国时期，防止江水内灌是当地民众的首要任务。“清开国之初，江水安澜，邑境居民防旱多而防潦少。道光后，江潮迭溢，于是外而沿江数百里之长堤先后修筑，内而滨湖各村庄地亩，亦均筑围自保”[④]。江堤的修建保障了田地的安全，但同时也打乱了华阳河水系，致使许多湖泊不相连通，通江水道堵塞，华阳河成为该流域唯一通江水口。

据《宿松县志》载，泾江口堤在宿松泾江庄处。明初，该处有水港由江达湖，顺治五年（1648年），水港被筑塞，康熙元年（1662年），邑令王名皞因为“湖不通江，鱼不能入”，于是向朝廷奏请重新开辟水港，但到光绪十一年（1885年），邑令孙葆田因“江水由该口直灌，不可无以御之”，遂同庄绅吴省铭、徐大鉴、王少经、方丙炎等人禀请拨给官款，砌土筑堤堵塞港口，“计口阔三十丈”[⑤]。同年，当地会绅在此处补建南横堤一道，

① 光绪《续修庐州府志》(一)卷十三《水利志》,江苏古籍出版社1998年版,第183页。
② 吴松声:《华阳河流域湖泊蓄洪垦殖工程介绍》,《人民长江》1956年第1期。
③ 汪志国:《近代安徽水利事业述论》,《安徽史学》2010年第4期。
④ 民国《宿松县志》(一)卷二十《水利志》,江苏古籍出版社1998年版,第408页。
⑤ 民国《宿松县志》(一)卷二十《水利志》,江苏古籍出版社1998年版,第408页。

即为南堤。该堤与九江泗州毗连，泗州地势较高，堤内宿土较低。“泗州之水原出大江，其业户惮疏故沟，暗挖南堤贪便放水，堤内腾字七号业户再三阻止。”因此出现水利纠纷，直到民国四年（1915年）两县订立条约，“劝宿民听泗州业户假道出水”，开沟建闸，“闸面阔四尺，闸口阔四尺”。建闸及后期维修费用均由泗州人负担，“惟每岁修沟，泗州与腾七平均出费”①。宿松县的腾字五号洲西与九江县毗连，“地处低窜，向系芦洲”，光绪年间，开垦田地，但“每霪雨后，九江人罗姓等偷决堤防放水以临为壑，居人苦之”，从而导致纠纷。后来，“开一出水沟，由腾字拾号洲前北注坝头港，自是息争，居人无霪潦之患，沃壤寝成”②。拦河坝的建立，虽然抵御了江水内灌，但也阻碍了湖水下泄，导致田地遭受涝渍之灾。

华阳河水系的湖泊为北岸大别山南丘陵地带的河流所注，然后下泄入长江。但由于其下泄水道日渐淤塞，通江口逐渐消失，每到汛期，山洪暴发，江水倒灌，沿湖地带全被淹没。汛期后，江水回落时，湖区渍水由华阳河排泄至长江，但速度较慢，圩内渍水不能及时下泄，常常导致涝渍之灾。灾情严重的年份圩田收获较少，如民国三十一年（1942年），沿湖民圩仅仅收获20%。此外由于江水倒灌的关系，输入湖泊沙量约达4亿吨，华阳河本身及湖口逐年淤浅③。

华阳河水系被扰乱后，引起的灾患严重，因此，整治华阳河河道成为皖江地区的主要任务。民国九年（1920年），望江人张维倡议堵筑华阳河口和建闸，是年，政府设立华阳河工督办，拟疏浚内河。民国十三年（1924年），华阳河口堵闭。同年，上游马华堤溃决，望江、宿松被淹没，江水仅由后河排泄，速度太慢，涝渍严重，只能再一次挖开华阳河堵口以泄江水。民国十九年（1930年），望江县民余兆圣建议“先行建闸，重新堵口”。民国二十五年（1936年），开始修建华阳闸。但是次年，由于安庆被日军侵略，建闸工程被迫中断。民国三十五年（1946年），开始重建拦河坝，华阳闸坝工程复工。民国三十六年（1947年），华阳河口堵坝工竣。民国三十七年（1948年），同马大堤溃决，华阳闸下游冲刷严重，于是重新挖开华阳河

① 民国《宿松县志》(一)卷二十《水利志》,江苏古籍出版社1998年版,第409页。
② 民国《宿松县志》(二)卷末《补遗》,江苏古籍出版社1998年版,第512页。
③ 吴松声:《华阳河流域湖泊蓄洪垦殖工程介绍》,《人民长江》1956年第1期。

口堵坝泄水。中华人民共和国成立后，1955年开始实施华阳河流域湖泊蓄洪垦殖工程，建成华阳河、杨湾两座防洪大闸及河口堵坝工程，使长江与内湖分开，华阳河下游湖泊的水位得到有效控制。

三、江坝工程的影响

皖江地区属于长江下游平原地带，河网密布，湖泊众多，两岸地势低洼，是圩田的重要分布区。春夏之交，江水、湖水、河水同时溢涨，水量集中，支流无法排解，濒临长江的圩田往往有江水内灌的危险。为防御季节性的洪涝灾害，保护农业生产，当地政府和民众都非常重视沿江堤防的建设。皖江地区真正有江坝记载的历史可以追溯到明正德年间，时于无为州江岸建成胥家坝，“今从古家碾南望江面二十余里有旧坝遗址，犹称胥家坝”[①]。清代是皖江江坝修筑的高峰期。自此后，皖江两岸出现一线江堤。安徽沿江两岸干堤长764公里，与之成圈堤长230公里，总保护耕地面积800万亩。其中无为、同马、枞阳、芜当、广济、马鞍山等六个大型圈堤保护耕地面积692.90万亩，也守护着安庆、芜湖、马鞍山等重要城市的安全，具有举足轻重的地位[②]。

虽然堤防能够防止客水内灌，对农业的发展具有举足轻重的作用，但它是通过人力遏制洪水，束水归槽，保卫低地，保障生产、生活而采取的一种应对手段，在堤防的修筑过程中，往往会截断一些支流，切断洼地湖泊与河流的联系，会阻止内水外泄，河道大堤往往阻碍平原上的自然排水，对水系的格局施加影响[③]。

自明以降，无为江堤屡筑、屡溃、屡迁，出现江逼堤退的无奈局面。无为最早的堤防江坝胥家坝于明正德年间修筑而成，到了嘉靖四十一年(1562年)，无为州守郑惇典于鳝鱼口屯台筑长堤十数里，称为郑公坝。万历十六年（1588年），夏雨江涨，水势汹涌，州守陈应龙因郑坝将坍而修建

① 嘉庆《无为州志》卷六《水利志》，江苏古籍出版社1998年版，第78页。

② 杭宏秋：《简论安徽沿江圩埠的历史演变》，《中国农史》1988年第4期。

③ 李德楠：《工程、环境、社会：明清黄运地区的河工及其影响研究》，复旦大学2008年博士论文，第209—210页。

的第一道退建堤，称为一坝。万历四十一年（1613年），无为大水，一坝将坍，州守孙慈起夫兴筑二坝。万历四十五年（1617年），二坝又将要崩坍，州守陈鸣熙筑三坝。清顺治九年（1652年），三坝势危，州守佟国祯起和州粮夫退建江坝，名四坝。康熙八年（1669年），由于江溜逼冲，四坝将决，州守颜绕撜自李家祠至王家渡越筑颜公坝。康熙二十九年（1690年），因颜公坝势又危险，州守张国祯续建颜公坝，此堤为五坝。康熙四十四年（1705年），州守孙成已筑六坝。清中叶以后，由于无为长江“北岸日崩，南洲渐长，濡之陆沉者几四五十里，筑坝御潮，一而二，而三，而四，汹涌冲突，仍移入内地”[1]。因此，自乾隆以后的一百多年中，培修工程主要是江堤退建。明清时期，由于洪灾次数增多以及江水对江堤的不断冲刷，加剧了江堤的崩坍，因此，这一时期，无为州退建江堤工程较多。民国时期，虽然民生凋敝，但由于无为江堤特殊的地形和重要地位，地方建设历来受重视，江堤的修防和退建堤工程也较多。

无为沿江之所以出现江逼堤退的局面，在于人们修筑江堤，与水争地，打破了长江自然水系格局，破坏了长江自身的平衡状态，这必然会遭到江水的报复，江堤受到更加肆虐的冲刷，致使江堤不断出现坍塌的险情[2]。清代的何大观在《江坝说》中写道：“盖坝蜿蜒如常山蛇，江水澎湃，直啮其趾，尺寸不坚，必溃决莫救。江水自西南复绕而东，日夜与坝战而攻其瑕。吾濡泽国，原田十之三，而阖郡多仰食于三百六十之圩。坝一溃，虽有良苗善稼，顷刻为大浸，而数百万生民其鱼矣。故他属待命于天，濡独与水争利……南有日长之土，北有无土之粮。坝日退而欲杀江之怒，江日进而必蚀坝之防，自一而二，而三，而四，今将徙而五矣。濡地有限，而江患无穷。”[3]

沿江滩地的围垦需要修筑堤防把江水束于槽中，防止江水泛滥，淹没田地。筑堤围垦，虽然阻挡了一定的洪水，但是使湖泊数量减少、面积缩小，严重影响了江湖的蓄泄，导致水灾增多。同时，也会加大湖泊河流排洪排涝的压力。如无为的周思沟坝建成后，有效地抵御江水，并且“潮患

① 嘉庆《无为州志》卷六《水利志》，江苏古籍出版社1998年版，第82页。
② 赵崔莉：《清代皖江圩区社会经济透视》，安徽人民出版社2006年版，第229页。
③ 嘉庆《无为州志》卷六《水利志》，江苏古籍出版社1998年版，第80页。

得此稍息”，但是“黄、白二湖旧由沟口出江，筑坝后，春夏霪雨，有湖水内涨之患”[①]。宿松县的同仁护堤于道光十八年（1838年）修建而成，“近堤绅民因湖水内溢，当即集资修建此堤”[②]。南陵县的青弋江“发源黄山会石埭、太平、旌、泾洛水至此，河身渐广。春夏涨，波涛汹涌，曰江”。南陵县的圩坝都在漳陵港东南，“当芜湖上流山水泛溢，向惟马家滩三千余亩可泄无患。后被芜邑豪民占滩为田，筑堤遏水，各圩坝遂冲漫受伤。嘉靖三年，县丞金坡锐意经理，势闭不行，至今为害”[③]。《无为州志》中记载无为州水利情况时提道：“然则江坝既固，水利其在沟洫乎？且巢之焦湖、庐江之黄、白湖并居上流，春夏之交，霪雨积旬，有内涨之患。而境内高下之田尽恃河渠为灌溉，若沟洫不浚，堤闸不完，则蓄泄无法，不独民生莫遂，即国课亦难完矣！盖濡之水东南抵江潮，西北防湖涨，外筑坝堤以资捍御，内开闸堰以为出纳。而又勤浚沟洫，疏原委，则三善备。而江北一隅乃可称泽国诸侯也，后之讲水利者尚其辨之。”[④]

皖江地区随着堤防工程越来越多，其堤防建设对水系格局的影响越来越明显，“水利工程越大，牵涉面越广，对生态环境的影响也就越大”[⑤]。水系格局的改变既影响了本地区的江河地貌也加剧了水灾暴发的频率。由于堤防工程的大量建设，安徽段长江整个江面变窄。如清代属池州府铜陵县的鹊江，在宋代时两岸都是沙洲，阔二百余里，但到清末时已是“今日洲渚变迁，非复《禹贡》之旧，而由池（州）下至芜湖，江面皆阔三十余里”[⑥]。据《宿松县志》记载，宿松县在整个清代发生洪水灾害39次。道光二十九年（1849年），安徽沿江“大雨五旬余”，同仁堤淹没。怀宁、望江等17个州县大水，没田庐人畜[⑦]。洪灾的发生使得堤坝不断加筑，这就进一步抬高了河床和水位，以致下一次洪水到来时，江堤更易崩坍，因此形成恶性循环。

① 嘉庆《无为州志》卷六《水利志》，江苏古籍出版社1998年版，第78页。

② 民国《宿松县志》(一)卷二十《水利志》，江苏古籍出版社1998年版，第410页。

③ 民国《南陵县志》卷五《舆地志》，江苏古籍出版社1998年版，第70页。

④ 嘉庆《无为州志》卷六《水利志》，江苏古籍出版社1998年版，第82—83页。

⑤ 马驰：《历史地理学视野中的南水北调——访邹逸麟教授》，《学习与探索》2006年第6期。

⑥ 魏源：《魏源全集》，岳麓书社2004年版，第127页。

⑦ 安庆市水电局：《同马大堤志稿》，安徽省水利志编辑室2001年版，第20页。

第二节　清至民国时期堤防工程对航运通道自然形态的影响

引起内河航运通道变化的因素较多，既有自然因素也有人为因素。皖江襟江带湖，河湖水系丰富，支流较多，水域宽广，其航运条件非常优良。航运通道主要受自然水系的影响，但是人为的堤防建设也必然会影响水运航道。本节专门就堤防工程建设对皖江地区的航运通道自然形态的影响作具体探讨。

一、堤防工程对皖江干流航运通道自然形态的影响

堤防工程对皖江干流的航运通道自然形态的影响有利有弊。清至民国时期，为使内河航运通道顺畅，人们多次通过人为活动改变长江水系格局，使长江水运条件更加符合运输要求。堤防的修建把江水归宿于江道中，长江水位提高，江道深广，同时，对一些江流湍急的河道进行截弯取直，使江水平稳、畅通，利于船泊航行，促进长江水运的发展，皖江地区也因此取得一定的经济效益和社会效益，但是其负面效应也越来越明显。人们在江边筑堤束水，阻断了天然河道，导致河道的流态发生变化，改变了河流泥沙运动规律，泥沙流速降低，河流挟沙能力削弱，沙土易淤成洲。如无为州“自前明时江中涨发新洲，横亘江心”①，“及神宗时，江中渐起沙渚，阻遏江流”②。到了清代，无为江面沙洲增多，且成联并之势。据康熙《无为州志》记载，康熙十二年（1673年），无为境内有沙洲15个，分别是小洲、白沙洲、桥林洲、小横洲等。又据乾隆《无为州志》记载，乾隆四十九年（1784年），无为境内有沙洲37个，分别是杨林洲、铜陵张家洲、复源洲、傍生洲、速生洲、奥龙洲等。从江洲的规模看，江洲联合生长的趋势也越来越明显，如康熙时无为江洲多是独立生长，其中联合生长的不过是白沙洲和桥林洲、版子洲和白马洲，而到乾隆时，不仅有两个洲联合生长的情况，还有4个洲，甚至是6个洲联合生长的情况。今铜陵县的张家洲就

① 嘉庆《无为州志》卷五《水利志》，江苏古籍出版社1998年版，第72页。
② 嘉庆《无为州志》卷二十六《艺文志》，江苏古籍出版社1998年版，第319页。

是由张家、抚宁、紫沙、神登等洲联并而成。今当涂县的江心洲在清初时有鲫鱼、老军、南生、张家等洲，道光年间，这些沙洲联并成今江心洲的雏形。清代属池（州）府铜陵县的鹊江，在宋代时“两岸皆沙洲，广二百余里”[①]，但到清末时已是“今日洲渚变迁，非复《禹贡》之旧，而由池州下至芜湖，江面皆阔三十余里”[②]，这说明清代时长江安徽段的江面上泥沙淤积十分严重。沙洲增多，不但使江面变窄、分叉和弯曲，而且改变了江水主水流流向和主泓道位置，航运通道受到了很大的影响，使得一些大型吨位船泊不能在此流域航行。

江坝的建设虽然抵御了江水倒灌，但同时也把许多通江河道堵塞住了，阻挡了长江干流水运与河湖水系相连，影响了河湖的船只进入长江。如无为州西河的主要通江口为刘家渡、泥汊和神塘，但是在道光四年（1824年）时，刘家渡筑拦河坝，同治十二年（1873年），又分别在泥汊和神塘筑坝，这样无为西河的三个主要通江口都被封堵，江坝基本连成一线，长江的航运通道不能从以上河道进入内河，给人们的生产生活带来了极大的不便。再如宿松县的泾江口古为通江要道，但“清光绪中叶，因防御水患筑坝塞之，故今松地货物由此出江入湖者均须搬坝”[③]。

二、堤防工程对皖江支流航运通道自然形态的影响

皖江地区长江支流众多，与长江干流一起共同构成了四通八达的水运黄金通道，促进了皖江地区的经济发展。但是汛期时，江水倒灌，湖水内溢，给皖江的水运通道带来了安全隐患。皖江地区的人们为了阻挡洪水灾害，减少航行安全隐患，于是筑堤挡水，把江水、湖水、河水束在堤中。堤防中的开浚工程使河道变得深邃开阔，利于舟楫航行。如无为州的上河工程于乾隆五十九年（1794年）挖通，其“由二沈家闸起至东圩闸止，计长十六里六分，面宽三十丈，底宽十五丈，中深一丈五尺”，此河的开通，“泄黄、白二湖及州西南诸山之水”，河道较下河更为顺直，“现在水势深

① 杭宏秋:《安徽沿江沙洲开发历史和现状探讨》,《中国农史》1990年第1期。
② 魏源:《魏源全集》,岳麓书社2004年版,第127页。
③ 民国《宿松县志》(二)卷三一《交通志》,江苏古籍出版社1998年版,第40页。

通，舟楫往来畅顺”[1]。

堤防工程给水运航道带来效益的同时，也造成了生态的恶化，堤防崩坍加剧了河道泥沙的淤积，导致支流河道淤塞严重，水系混乱，航运条件恶化。如清代时，河道淤塞给宿松县东南乡镇的水运带来了负面影响，“宿松东南两乡号称泽国，然河道淤塞，冬令水涸时，航行每多浅搁”。民国时期，有人提议疏通河道行驶小火轮由华阳河入口直抵杨树嘴，“此议若行，则吾松土产物之运输日形便利，于农、工商、矿各业均有莫大之利益”[2]。宿松县的夸池河“河故道合龙湖诸水南出鲫鱼嘴，今河道淤塞水涨始于江通”[3]。县内的小孤山镇，其港“西通坝头，南通金刚料，大江在前，商贾舟楫集焉！”当时水道便利，商贾云集。但在同治八年（1869年）时，其港“经大水，泥沙壅塞，舟楫不通”[4]，航道至此废。

堤防工程影响水系变化，使一些通江河湖淤积加快，面积缩小，数量锐减，不利于航运的发展。如古代丹阳湖群本来面积较大，其“东西七十五里，南北九十里，周三百余里，为太平水利之宗”，但是明清时，由于筑堤围垦，面积缩小，到清末光绪年间只有“周回二百余里”[5]。到了民国时期，因为圩坝林立，洲滩增多，古丹阳湖流域河段严重淤塞，致使长江与青弋江、水阳江泥沙汇集沉淀。而水阳江由于泥沙淤塞，面积缩小。水阳江流经安徽的宣城、当涂、芜湖等地，“在宣城县城至芜湖县清水镇段，航道原长82公里，到民国时期通航里程缩短31%，通航期减少3至5个月，运载吨位减少40%”[6]。巢湖是皖江地区最大的湖泊是有名的内河航运通道。历史上鼎盛时期的巢湖水域相当辽阔，《水经注》所载的窦湖以及白湖和杭埠河、南淝河、柘皋河等下游的广大圩区均是昔时巢湖湖体的构成部分。据《重修安徽通志》载：“巢湖府东五十里，亦名漅湖，亦名焦湖，周四百余里，占合肥、舒城、庐江、巢四邑之境，港汊大小三百六十，纳诸水以

---

① 嘉庆《无为州志》卷五《水利志》，江苏古籍出版社1998年版，第76—77页。
② 民国《宿松县志》（二）卷三一《交通志》，江苏古籍出版社1998年版，第40页。
③ 民国《宿松县志》（一）卷二《地理志》，江苏古籍出版社1998年版，第62页。
④ 民国《宿松县志》（一）卷五《地理志》，江苏古籍出版社1998年版，第98页。
⑤ 陶澍，邓廷桢，李振甫，等：《安徽通志·河渠志》，道光十年（1830年）刻本。
⑥ 宣州市地方志编纂委员会：《宣城县志》，方志出版社1996年版，第287页。

入江，为淮西巨浸。”[①]清代，沿湖筑堤围垦面积达400余公里。1957年，建巢湖闸对巢湖进行人工控制，隔断了与长江的自然联系，从此由天然湖泊演变为水库型湖泊，并继续围垦滨湖滩地，湖泊面积进一步缩减至700余公里[②]。

沿江江堤的联并和闸口的建立，阻断了内河与长江水道的联系，使内河河道的航运不畅通，阻滞了航运的发展。如安徽省西部的华阳河在长江北岸，与江西省鄱阳湖隔江对峙，古称杨溪河、古雷江、雷水。《宿松县志》言：“雷水亦曰雷池、曰大雷江、曰大雷口，今名杨溪河，西北源出湖广荆州黄梅县界。”[③]上游主要支流有源自宿松三面尖的二郎河和凉亭河，自大别山西南坡顺流而下，串连龙感湖、大官湖、黄湖和泊湖。下游主要支流有沿江圩区的望江河、洲头河和杨湾新河，由华阳河河口汇入长江。至明代初年，华阳河与皖河下游的沿江的龙感湖、大官湖、青草湖及漳湖都是长江故道。但这一带长江河道变迁大，宋建隆元年（960年）后，江道南移，湖汊、洲滩逐渐淤连，加上人类的筑坝、围垦，华阳河开始偏离长江。清道光元年（1821年）开始修筑沿江长堤，至民国时期的同马大堤，最终把长江与华阳河分隔开来[④]。自此，华阳江河水域狭窄拥堵，难以通航。

第三节　清至民国时期堤防工程对动植物群落的影响

动植物物种的减少或消失与人类的活动密切相关。清至民国时期，皖江地区的人们为了防洪抗灾，在皖江两岸修筑了众多堤防工程，这是对江河自然水的控制工程，它的建设将引起小气候、水环境等发生变化，从而对动植物群落产生一定的影响。本节主要从江堤建设的角度考察堤防工程对动植物群落的影响。

---

① 光绪《重修安徽通志》(一)，凤凰出版社2011年版，第315页。

② 姜加虎，窦鸿身，苏守德：《江淮中下游淡水湖群》，长江出版社2009年版，第6页。

③ 民国《宿松县志》(一)卷二《地理志》，江苏古籍出版社1998年版，第64页。

④ 安徽省地方志编纂委员会：《安徽省志·自然环境志》，方志出版社1999年版，第177页。

一、堤防工程对鱼类生物的影响

鱼类是皖江地区重要的水生生物资源，该地区的堤防工程建设对鱼类生物影响甚大，因此，以下主要以鱼类生物为主要考察对象，借以探讨堤防工程对动物群落的影响。

皖江地区水系发达，湖泊支流较多，湖泊河港水域面积广阔，渔业比较发达。滨水居民常以渔业为主业，如宿松县“东南两乡外江内湖，水面之广逾于陆地，比户居民不习耕种，而以渔业为生活者十恒四五。世之谈实业者，每以渔猎林牧为农家之副业，若吾邑水乡之民终年衣食于鱼利，牵舟作屋，耕水为田，始所谓专门营业之一种，何区区副业足云哉”[①]。明清时期，皖江流域渔业经济较发达，渔课收入成为政府一大赋税来源，为此，朝廷专门在这里设置了河泊所管理渔业。河泊所是一种设在沿海水域或内陆湖水域专管征收渔业课税的机构。皖江流域早在元代就已设置河泊所，如安庆等处河泊所和池州等处河泊所[②]。而该流域大量设置河泊所主要是在明代，明初时，太平地区共设有7个，主要分布在沿江的当涂、繁昌和芜湖县一带，池州地区也设有7个，集中在贵池县、东流县和铜陵县。安庆地区由于水系发达，湖泊众多，渔产资源丰富，因此，其河泊所设置数量多且密度大，据统计共设有19个，主要分布在望江、宿松、怀宁、桐城等地。[③]清代，由于河湖淤塞，水体环境变化的影响，渔业有所减少，但到道光之前，“各河湖水系虽有淤塞，但还不是很严重”[④]，这说明从明初一直到清中期，皖江流域的渔业都很发达。

皖江地区具体的鱼类，在以往的历史文献中有零星记载，但记载的不具体。历史上皖江沿岸采集记录的鱼类种类共62种[⑤]。《宿松县志》中对宿

---

① 民国《宿松县志》(一)卷十八《实业志》，江苏古籍出版社1998年版，第390页。

② 尹玲玲：《明代的渔政制度及其变迁——以机构设置沿革为例》，《上海师范大学学报(哲学社会科学版)》2003年第1期。

③ 尹玲玲：《明清时期安庆地区的渔业经济》，《安徽史学》2001年第4期。

④ 尹玲玲：《明清时期安庆地区的渔业经济》，《安徽史学》2001年第4期。

⑤ 胡菊英，姚闻卿：《长江下游安徽江段的鱼类》，《安徽大学学报(自然科学版)》1996年第1期。

松的鱼类种类有明确的记录，主要有鲤、鲭、鲅、鳜、鲫、鲇、鳊、鳗、鳝、鳡、鳢、鲢、鲟、鲷、鳙、鳠、鳟、鲶、鲩、金鱼、银鱼、鲚、鲦、鲞、比目、河豚、鳅、鲵、黄鱼等[①]。从中可以看出，皖江地区鱼类种类众多。

自清道光后，随着湖泊淤塞加速以及生态恶化，鱼类数量和种类逐渐减少，虽然具体数据无法了解，但相关情况从一些文字记载中可以窥视一二。如宿松县，鱼类本是其东南两乡出产之大宗，但到道光时“连年江水涨溢、沙土冲刷，各湖池河港俱被湮塞，藏鱼之区于是渐少”，而且许多湖泊变为草场或芦洲，如“南乡之龙官湖，东乡之毛黄小湖俱面积最大，向为多鱼荟萃之区，今则日就湮塞，其龙官湖之后稍、毛黄小湖之南东两方面且变为柴草场，埒易量水纳课之鱼池为新涨淤生之洲土”[②]。据尹玲玲记载，路西湖、万春湖水体与草场草地之间变迁互换关系明显，有相当的湖面变为草场，原来从事渔业的渔户在水体萎缩后开始兼业或者已转业[③]。

皖江地区水灾频繁发生，人们只能修筑堤坝阻挡洪水，但修筑的堤坝阻隔了鱼类洄游返道，改变了鱼类栖息的环境，不利于鱼类生产。宿松县为防御水患，“武穴堤堵筑于前，泾江堤堵筑于后，通江孔道各已封塞，鱼之来源既绝，鱼之藏积愈稀，鱼利至今日盖已成强弩之末矣”[④]。宿松县东南两乡地势低下，“清道光后，江潮泛溢，十岁九淹，自泾口堵筑而沉灾稍澹，惟江水不入内湖，渔业未免多荒。凡滨湖居民之倚鱼利为生活者，遂皆失望，而年纳千余两之渔课又未经减豁，是此累去而彼累又生”[⑤]，鱼类数量和种类难免减少。

我们还可以从明清时期皖江地区河泊所的设置及其存废情况看出鱼类数量的减少。皖江地区河泊所在元代就已设立，明朝政府为了加强渔课收入，河泊所设置较全面，这也反映了当时皖江地区各地鱼类数量众多。如宿松县有四大所，“产鱼地点，古称为四所，一龙官湖所、一洿池所、一大

---

① 民国《宿松县志》(一)卷十九《实业志》,江苏古籍出版社1998年版,第406页。
② 民国《宿松县志》(一)卷十八《实业志》,江苏古籍出版社1998年版,第391页。
③ 尹玲玲:《明清时期太平及池州地区的渔业》,《安徽史学》2004年第3期。
④ 民国《宿松县志》(一)卷十八《实业志》,江苏古籍出版社1998年版,第392页。
⑤ 民国《宿松县志》(一)卷二十《水利志》,江苏古籍出版社1998年版,第409页。

官湖所、一张富池所，盖四所占领之水面极为宽广，号称藏鱼渊薮”[①]。但到了明后期，由于水系环境破坏以及河道淤塞严重，鱼类数量开始减少，许多地方的河泊所被逼裁革（见表5-1）。明代，安庆府之河泊所裁革极为严重，自嘉靖末起经隆庆至万历裁革尤剧，到万历后期已一所无存。如顾祖禹在《读史方舆纪要》载：“石牌市，在县西一百里，上达潜太宿望四县，有上下二集。明初尝置河泊所于此，凡五，今皆废。”[②]

表5-1　明清时期皖江地区部分府州所辖河泊所裁革情况[③]

（单位：个）

州府	明初总数	年代不明	1430—1449	1450—1499	1500—1549	1550—1559	1560—1569	1570—1579	1580—1587	1588—1683	裁革总计
安庆府	19	-5	—	—	—	—	-10	—	-4	—	-19
太平府	7	-1	—	-1	-1	—	-1	-2	-1	—	-7
池州府	8	-2	—	—	-1	—	-1	—	-2	-2	-8
庐州府	4	-1	-1	—	—	—	-1	-1	—	—	-4
和州	2	—	—	—	-1	—	—	—	—	-1	-2
宁国府	2	—	—	—	—	—	-2	—	—	—	-2
总计	42	-9	-1	-1	-3	—	-15	-3	-7	-3	-42

注：“—”表示裁革。

二、堤防工程对植物群落的影响

皖江地区植物群落主要分布在一些山丘和丘陵地带，以热带的落叶阔叶与常绿阔叶混交林带为主，山谷中一般以松树为主。由于皖江地区地处沿江平原地带，滨水地带种植比较多的植被为柳树，如《宿松县志》载，宿松县“邑境产木之属以松为最多，沿洲一带则多种杨柳，此外各地其墙

① 民国《宿松县志》(一)卷十八《实业志》,江苏古籍出版社1998年版,第390页。

② 尹玲玲:《明清长江中下游渔业经济研究》,齐鲁书社2004年版,第140页。

③ 尹玲玲:《明清长江中下游渔业经济研究》,齐鲁书社2004年版,第172页。

荫、屋角、田畔、山旁，凡望之蓊蔚者，皆杂类树木也”[①]，这是因为柳树的根既可以固塘基，其枝叶还可以资民用，所以人们很重视在滨江地带植柳防护江堤。皖江沿江堤岸种植柳树早有之，如无为颜公坝在康熙八年（1669年）修筑时即已种植柳树，“二月起工，四月竣事，种柳四千余株”[②]。乾隆《望江县志》载古雷池江堤曾“栽柳万株”。民国时期，宿松的杨柳州“杨堤纡曲，苇茭丛生”[③]。

皖江地区因湖泊河流较多，其沿岸的水生植被比较丰富，如深水性的浮水植物莼菜、水芹、藕等，挺水植物芦苇、菰草、菖蒲等，还有沉水植物眼子菜、黑藻、苴草等。这些水生植被为皖江地区人们提供了生活资源，也带来了经济收入，它们对皖江地区人们来说是一笔宝贵的财富，因此，沿江人们常种植它们以获利。如康熙年间，太平府乡民常用珊瑚菜、菱芰等水生生物作为食物。珊瑚菜“其根为山萝卜，可以疗饥”，菱芰“曝以为米，可当粮”，芡“八月采为粉，可以代粮”[④]。另外，菱“熟者充饥代谷”，芡“干者可为粉、作糕、煮粥”，南陵县还有农人专门“种莲为业，以田作池，每亩所入于登谷、登麦之利”[⑤]。皖江地区最常见的水生植物是芦苇，一些不易成圩田的沙洲常分布芦苇，芦苇逐渐成为人们的日常用品，其利较多。元代王祯《农书》曾说：“苇荻虽微物”，“可以供国利民”。繁昌县，道光年间“自旧县镇至三山街，江心皆有芦洲，洲之内为夹江，洲以外为外江”[⑥]，“东西北滨江，地势污下，芦苇易生，明代逼江而居者，人人以芦苇为奇货，获利多而输课少，较有田之家倍饶，俗奢用泰，封靡之习，自洲民始也”[⑦]。当涂县“西北滨江民，于力田之瑕，于洲取芦苇，其利五倍”[⑧]。芦苇还有一个重要作用就是防护江堤。“临湖之埂尤须劝栽芦苇茭草，以御风浪”[⑨]。由于芦苇种植面积和效益较大，明清时期政府专

① 民国《宿松县志》(一)卷十八《实业志》，江苏古籍出版社1998年版，第385页。

② 康熙《无为州志》卷四《闸坝》，康熙十二年(1673年)刻本。

③ 民国《宿松县志》(一)卷二《地理志》，江苏古籍出版社1998年版，第66页。

④ 康熙《太平府志》卷十三《物产》，光绪二十九年(1903年)活字本。

⑤ 民国《南陵县志》卷十六《食货》，江苏古籍出版社1998年版，第204页。

⑥ 道光《繁昌县志》卷一《舆地志》，江苏古籍出版社1998年版，第28页。

⑦ 康熙《繁昌县志书·食货志》卷五《田赋》，江苏古籍出版社1998年版，第81页。

⑧ 康熙《当涂县志》卷六《城池》，清抄本。

⑨ 光绪《续修庐州府志》(一)卷十三《水利志》，江苏古籍出版社1998年版，第199页。

门设置机构征收芦课，以增加财政收入。这样，芦苇成了官民之间竞相谋取的资源。

清中期以来，随着人口增加，人地矛盾突出，人们开始对滨江滩地加速开垦。由于人类的开垦，一些长满水草的湿地遭到了破坏，许多芦苇荡成片的芦苇被砍伐，开垦成田地。据《宿松县志》载，宿松县内的茅湖"旧多芦苇与江逼近，今东南淤涨成洲"[①]。繁昌县也是如此，其景卫洲面积广阔，"宽二十五里，长三十里，向完芦课"[②]，光绪三十二年（1906年），桐城绅士徐海秋将其开垦，作为民田，改种稻麦，该洲被围垦为面积达20万亩的保定圩[③]。芦苇荡不复存在，变成田地。

原本对堤防有重要防护作用的芦苇和水草为人们所破坏，加剧了堤坝的崩坍。另外人们无节制的开垦，导致水土流失严重，许多通江水道被堵塞，易致洪水泛滥。洪水不断冲击堤坝，堤防被迫退建或培修，而其崩坍和退建必会淹没大片湿地，使湿地上的植被遭到破坏，甚至一些村落消失，如清无为江堤名为千棵柳的村落已不复存在。新建的江堤，必然会牺牲原有河滨的植被，使沿江的一些历史悠久的防护林被破坏。虽然新建江堤也栽种防护植被，但新生植被容易毁坏，不易存活。如乾隆年间进行的开河筑坝工程，工程规模大，新开浚的河道较多，它保障了无为州农业的发展，但是整个工程也破坏了原有的植被和其他生物。新开浚的河道原本是杂草丛生、钉螺密布，为雁鸟栖息之地的湿地资源，现在被开浚为泄江水的河道，其原有的植物资源被破坏殆尽，导致植物数量的减少或消亡。人们无节制的开垦，导致生态环境恶化，水灾频发，人们为阻挡洪水灾害，修筑堤防，但堤防在洪水的冲击下，不断崩坍和退建，又破坏植物资源，这样就形成了一种恶性循环。

① 民国《宿松县志》(一)卷二《地理志》,江苏古籍出版社1998年版,第63页。

② 李文治:《中国近代农业史资料》(第一辑),生活·读书·新知三联书店1957年版,第679页。

③ 胡惠芳:《近代皖江地区圩田开发及其影响探析》,《池州学院学报》2010年第4期。

第六章　清至民国时期堤防工程对皖江地区社会生态的影响

社会生态系统指的是人类社会系统及其环境系统在特定时空的有机结合。只要有人在其中活动，它们都是某种社会生态系统[①]。社会生态系统强调人类在环境中的活动性，人类生活的环境除了自然环境，还有社会环境，共同形成“社会—经济—自然复合生态系统”。社会环境中的政治、经济、文化因素是社会生态系统区别于自然生态系统的重要因素[②]。

堤防是皖江地区最主要的防洪工程措施，筑堤防洪是保障农业生产最有效的水利措施之一。“堤防兴起的直接原因是河道不稳定及洪水泛滥而对人民的生命财产形成威胁，它是同自然作斗争的历史见证，堤防兴起与发展的过程充分体现了经济开发过程中地理环境与人类活动之间的复杂关系。”[③]可见，堤防工程是人类与自然、社会互动过程中的产物。堤防工程能够防洪排涝、防灾减灾，其作为人类改造自然、利用自然的重要手段，不仅对社会生态产生了积极的影响，而且为人类社会的进步做出了难以估量的贡献。本章主要就堤防工程对皖江地区社会生态的影响作一探讨。

① 叶峻：《人天观：人体科学和社会生态学的哲学》，《烟台大学学报（哲学社会科学版）》1997年第4期。

② 马道明，李海强：《社会生态系统与自然生态系统的相似性与差异性探析》，《东岳论丛》2011年第11期。

③ 鲁西奇，潘晟：《汉水中下游河道变迁与堤防》，武汉大学出版社2004年版，第411页。

第一节　清至民国时期堤防工程对社会经济发展的水利效益

一、保护了皖江地区农业生产和民众的生命财产安全

“兴水利而后有农功；有农功而后裕国。”[①]因为皖江地区的地形和气候特点，当地的堤坝主要是作为防洪性屏障而存在，其建设的直接目的是保护农业生产和民众的生命财产安全，因此，自古以来，当地就非常重视堤防工程建设。这些堤坝主要包括沿江两岸干流和支流堤坝，它们共同保护着皖江沿岸广袤的圩田生产。

清至民国时期，皖江地区农业生产的重要性不言而喻。安徽省的农业生产主要依靠圩田的发展，而安徽省的圩田则主要集中在皖江地区。皖江两岸地势平坦，湖泊河流众多，圩田散布其间，早在三国时期当地就开发了圩田，到明清时期，特别是清代，得到大发展。清代，由于人口增加，人地矛盾问题突出，为了解决这个矛盾，人们开垦了许多洲滩草荡，圩田的数量和规模空前扩大。这个时期新筑的大圩仅千亩以上就有五六十座。皖江圩田的发展对于安徽农业发展的重要性我们从一些数据就能看出来，这里以民国八年（1919年）安徽省稻米产量为例，据统计，当年安徽省稻米总产量为23 329 898石，其中产额超过百万石的产粮大县有6个，分别为合肥县、无为县、巢县、六安县、宣城县和南陵县，这6个县中产粮最多的达3 152 949石（无为县），产粮最少的也有1 002 615石（南陵县），另外，合肥县产粮2 461 725石、巢县产粮1 536 250石、六安县产粮1 580 489石、县城县产粮1 194 858石[②]。这6个县的稻米总产量约占全省稻米总产量的47%，6个县均属于皖江地区，由此可见皖江圩田的发展在全省农业发展中的地位。

但是由于人们的围圩垦殖，破坏了生态环境，导致水灾频发。水灾对

① 张建民:《清代湖北的洪涝灾害》,《江汉论坛》1984年第10期。

② 王鹤鸣,施立业:《安徽近代经济轨迹》,安徽人民出版社1991年版,第109—111页。

农业生产会造成毁灭性打击，水灾之地，“田庐尽毁”，致“数百里间不第，禾尽无收”，给人们的生活和政府财赋收入带来严重的困难。这里以民国二十年（1931年）水灾发生时的情况为例，这一年的水灾情况是比较惨重的，当时“全省圩田，固扫荡罄净，其余除徽属数县外，各县虽间有山田，亦均为山洪冲毁无遗”，“全省粮产断绝，灾民嗷嗷待哺”，“待救不至，因而饿死，或更自投水中者，日有所闻”①。同年7月，水灾导致无为县“四乡百余小圩完全沉没……圩堤溃口日以数十计”②。因此，为保障农业生产，无论是政府还是民众都把堤防的修筑和维护放在首位。在防洪抗灾的过程中，皖江两岸形成了一线江堤，这些堤坝在保障皖江农业生产过程中发挥了巨大的水利效益。

堤坝不仅对农业生产具有重要的保障作用，而且对保护人们的生命财产安全也有着重要的意义。皖江地区的水灾较多，一旦堤坝溃破，人们的生命财产将受到严重威胁。清至民国时期，皖江地区水灾发生时，堤坝常常溃破，“人畜淹毙，哀鸿遍野”的惨景经常出现，人们损失非常惨重。如民国十年（1921年），由于和县江堤溃破，无为县一些圩口“人畜房屋漂没无算……狂风骤雨拨没屋宇人口尤多，仓头一带支搭棚者二三万家，愁惨万状”③；民国二十年（1931年）的水灾中，由于无为江坝的修护没有达到标准，江坝溃破，以它为防洪屏障的合肥、庐江、无为、舒城、巢县、和县、含山等县，总计受灾面积达5000余平方公里，被淹农田达400余万亩，灾民人数约150万人，死亡人数约5000人④。民国二十四年（1935年），因为大暴雨，皖江干流和支流洪水同时灌注，江水无处泄洪。7月，同马大堤的马华堤和怀宁县裕丰圩、永庆圩江堤皆溃决。此后，望江、铜陵、桐城、芜湖、怀宁、无为等县江堤均溃口或江水漫过堤顶。皖江境内江堤汛期溃口达14处⑤。江堤的溃决直接导致圩田和人们的生命财产受到不可计量的损失。因此，不断完善堤坝修筑对于皖江人们的生命财产具有重要的作用。

① 孙语圣：《民国时期安徽的自然灾害及其影响》，《安徽教育学院学报》2003年第1期。

② 李卫华：《无为大堤志》，九州出版社2005年版，第351页。

③《江皖告灾纪略》，原载民国十年（1921年）九月十日《时报》。

④ 李卫华：《无为大堤志》，九州出版社2005年版，第353页。

⑤ 李卫华：《无为大堤志》，九州出版社2005年版，第335页。

为了抵御洪水灾害，捍卫圩田，保障人们的财产，皖江地区不断修筑和提高堤防的防洪体系，从明代以来，皖江地区先后将各沿江堤坝联结起来，相继形成无为大堤、同马大堤等江堤，有效地缩短防线，有利于抗洪保收，且取得了一定的成效。联圩并圩的技术来源于实践，是古代人们为保障社会经济安全的一大创举，具有重要的意义。皖江干堤和成圈河堤作为皖江地区的防洪屏障，不仅保障皖江地区农田耕地而且也保护了整个皖江地区城市的安全，具有重要的地位。可惜，由于历史条件的限制，还是具有一定的局限性。1949年后，皖江地区全面推广江堤联并，且技术大大提高，皖江堤防的水利屏障作用越来越明显，所以在1969年、1973年、1977年、1980年、1983年5次大洪水中，干堤安全度汛，总计减免成灾面积1 444万亩，减免总损失约120亿元，其经济效益和社会效益都是非常巨大的。[①]

二、促进了皖江地区稻米贸易的发展

交通与社会经济的发展紧密联系在一起，交通的状况直接会影响当地经济的发展。皖江地处黄金水岸，其水运条件优越，再加上堤防工程的修筑（河道的开浚工程、堤坝的束水工程）更加保证了水运交通的畅通，所以清代时，当地主要的交通方式就是水运，特别是大宗商品主要依靠水运流通，这为当地商业经济活动的发展提供了得天独厚的条件。当时皖江地区诸多的商品活动中，稻米贸易的发展最是惹人注目。

明代后期，特别是在清代以后，随着资本主义萌芽在太湖流域的出现，商品经济活动开始在该地区兴盛，大量耕地由种植粮食改种经济作物，粮食种植面积缩小，再加上清代人口的增加，导致该地区出现粮食供给危机。于是周边的产粮地区就成为该地区稻米的主要供应地，皖江地区首当其冲。皖江地区之所以成为稻米输出的中心地带，主要原因在于其水运条件发达，且其腹地圩田众多，稻米供应充足，这也是清代后期芜湖米市取代镇江米市的主要原因。

早在明代时，皖江地区稻米就开始向外流通，“明代的芜湖，已经成为

① 杭宏秋：《简论安徽沿江圩埠的历史演变》，《中国农史》1988年第4期。

长江沿线重要的商品粮集散地之一，江西、湖广的大批粮食集中到芜湖，远销苏、浙及北方各省。安徽沿江两岸圩田所产的稻米也大量外销”[①]。清代以后，皖江稻米流通规模更大，乾隆年间，崇明商人自上江之和、含、运漕等地购米，乾隆二十年（1755年）前年运20余万石，后递年加增，到了乾隆四十年（1775年）时则已买至30余万石[②]。当时，镇江米市还未迁至芜湖，但芜湖是稻米的中转站，周边的稻米先运至芜湖，再由芜湖运至各地。光绪年间，芜湖成为米市后，当地稻米贸易开始进入繁荣时期。光绪二十一年（1895年）以后，芜湖的稻米输出量一直居土货出口值的第一位，20世纪初，芜湖发展成为长江流域最大的米谷交易市场。民国八年（1919年），芜湖米市输出量达到顶峰，年输出量近900万担，约占当年土货出口的87%，时人描绘为“堆则如山，出则如江”[③]。

稻米贸易的兴盛在于稻米的供应，芜湖米市基本上依靠安徽沿江两岸各产米地区输入稻米，外省输入的不多。皖江地区是安徽的主要产米区，早在三国时，沿江两岸就已开发圩田，明清时，圩田大兴。“圩田的兴筑，使富饶的皖南弋江平原、江北巢湖流域成为稳定的稻粮产区，是当时芜湖港主要大宗出口货源稻粮生产的腹地。”[④]但是水灾之年，一旦堤防溃破，皖江地区圩田尽毁，人们只能依靠政府赈济才能度日，何谈有稻米输出呢？因此，堤防工程对于皖江圩田的重要性不言而喻。如稻米生产大县无为州“圩田之多甲于全皖，即巢湖五属舒、庐、无、巢、合，亦无与拟者”[⑤]。而其圩田的安全全靠无为江坝保障，“无为州江坝为该州及和州、含山、庐江、巢县五属田庐保障”[⑥]。因此，皖江堤防体系是皖江地区稻米生产的重要保障，堤防工程的建设促进了皖江地区稻米贸易的发展。

① 鲍亦骐：《芜湖港史》，武汉出版社1989年版，第22页。

② 王春芳：《稻米流通与近代安徽地方社会（1877—1937）》，上海师范大学2010年博士论文，第58页。

③ 杨莲：《近代芜湖与皖江地区农村经济（1876—1936）》，安徽师范大学2010年硕士论文，第13页。

④ 鲍亦骐：《芜湖港史》，武汉出版社1989年版，第17页。

⑤ 民国《无为县小志》第四《物产》，江苏古籍出版社1998年版，第439页。

⑥《宫中档乾隆朝奏折》34辑，第828页，转引自赵崔莉：《清代皖江圩区社会经济透视》，安徽人民出版社2006年版，第215页。

第二节　清至民国时期堤防工程对农业经济的影响

堤防工程的建设对农业经济的影响不可低估。堤防的存在一方面可以抵挡洪水，保障农业经济的发展。另一方面，筑堤束水，能使昔日不毛的草荡之地涸为良田，改善地区的水利条件，增加农业的耕地面积。这些是其对农业经济发展的积极作用。但是，堤防的修建也给农业经济带来很大的负面影响。本节主要从劳动力、耕地等方面探讨堤防工程对农业经济的负面影响，以期为我们今天农业经济的发展提供借鉴。

一、堤防溃决对农业劳动力的影响

劳动力的数量和素质对农业生产和发展具有决定性的作用。唐宋以后，长江流域成为经济中心，与北方人口的迁徙有很大的关系。清至民国时期，皖江地区农业劳动力的具体数量，由于资料所限，无从考证，但是可以从皖江地区的人口数量概括出劳动力数量。清至民国时期，皖江地区人口数量问题，许多学者都作了有力的论证。前面章节已对皖江地区的人口数量作了探讨，此处不再赘述。接下来，我们主要从堤防溃决对农业劳动力的影响方面作一探讨。

（一）堤防溃决，灾民大量死亡，造成农业劳动力数量急剧减少

堤防工程虽然可以有效抵御洪水，但是它无形中抬高了水位，加大了洪水的冲击力。堤防一旦溃决，对人们生命财产的破坏程度是巨大的，常致“田庐倾圮、人畜淹毙、哀鸿遍野”的局面，使得人口急剧减少，农业劳动力数量也随之骤减。这种情况从地方历史文献中能得到佐证。如乾隆二十九年（1764年），长江大水，巢湖流域堤坝尽破，和州人周廷佐在《甲申大水歌》中写道：“父老咄咄说怪事，今者流离颠沛民其灾。横江五月江潮溢，骇浪奔崩万马急。沟河之水日涨三尺余，三日盈丈与城逼。田禾万顷眨眼空，昔时埂坝皆无功。庐舍漂没畜牲死……古塚白骨沉泥沙，水面横尸自偃仰。恶蛇挂树食人肉，鳣鳅跃出骷髅腹。鸟鸢斗啄来往声嗷嘈，

故鬼啾啾新鬼哭，鬼哭向人人不闻，仓黄救水如救焚。”[①]道光三年（1823年），“巢县大水，圩堤溃决，室庐尽淹，城不没者三版，居民溺死无算”[②]。光绪八年（1882年），“蛟水起，英、霍由潜山漫溢太湖、宿松、望江、怀宁五邑，冲没田庐塚墓，淹毙人畜无算”[③]。光绪十三年（1887年），广济圩决口，沿江“田庐，尽成泽国，民皆卒不及逃，被难者十余万户，死者不可计数”[④]。宣统三年（1911年），长江堤坝“冲破殆尽”，自宣统二年（1910年）秋至宣统三年（1911年）春，江皖二十余州县灾民三百万人，已饿死者七八十万人，奄奄待毙者四五十万人……饥毙人数多时每日至五六千人[⑤]。同年，无为州五里碑江坝溃决，“灾民麇集于临江大坝之东场圩上，搭棚暂栖候赈。不意十六七两昼夜，狂风暴雨，逃避不及，风卷浪冲，计淹毙灾民二千数百口。张家荡等处共积浮尸五百余口”[⑥]。民国二十年（1931年），安徽全省发生大水灾，这是民国历史上范围最广、损失最大的水灾。芜湖县在这次水灾中大部分堤坝被冲决，“共有难民二十四万四千余人，死亡四千余人未掩埋。为防止漂流，整批系于树上，西梁山已积尸六百余具”[⑦]。宿松县长堤、圩堤崩溃，以致“民无死所，流亡载道，尸骨沉江，死者不可复生，生者转求速死”[⑧]。据安徽省统计，全省60个县中，有48个县不同面积受灾，占全省县数的80%，大小圩堤溃决近4 000处，受灾田亩在3 000万亩左右，占全省田亩的一半以上，灾民960余万人，约占全省人口的40%，死亡11余万人，其中溺死2万余人。其中长江干堤和主要支流堤防共有254处溃决[⑨]。皖江地区灾民人数达到5 291 430人，淹毙及病饿而死亡人数为37 748人（见表6-1）。

① 同治《历阳典录》卷三十三《艺文十》，(台)成文出版社1974年版，第1472页。

② 光绪《续修庐州府志》(二)卷九十三《祥异志》，江苏古籍出版社1998年版，第476页。

③ 民国《怀宁县志》卷三十三《祥异志》，江苏古籍出版社1998年版，第705页。

④ 王鹤鸣：《安徽近代经济探讨(1840—1949)》，中国展望出版社1987年版，第267页。

⑤ 安徽省地方志办公室：《安徽水灾备忘录》，黄山书社1991年版，第3页。

⑥ 安徽省地方志办公室：《安徽水灾备忘录》，黄山书社1991年版，第11页。

⑦ 安徽省地方志办公室：《安徽水灾备忘录》，黄山书社1991年版，第26页。

⑧ 徐建平：《政治地理视角下的省界变迁：以民国时期安徽省为例》，上海人民出版社2009年版，第289页。

⑨ 安徽省地方志办公室：《安徽水灾备忘录》，黄山书社1991年版，第17—18页。

表6-1　民国二十年(1931年)水灾皖江地区各县灾民及死亡人数①

(单位：人)

县名	灾民数	死亡人数
怀宁	442 000	360
桐城	675 900	2 400
望江	196 276	1 880
无为	400 000	3 000
和县	240 000	860
宿松	250 000	5 000
含山	121 000	429
潜山	60 000	82
太湖	75 000	30
合肥	400 000	1 730
巢县	100 000	176
庐江	156 000	60
舒城	40 000	220
六安	4 000	463
宣城	350 000	3 710
贵池	145 920	260
东流	81 300	600
铜陵	120 000	1 000
芜湖	399 534	9 534
当涂	320 000	2 927
繁昌	210 000	2 100
秋浦	50 000	130
南陵	110 300	110

① 安徽省地方志办公室:《安徽水灾备忘录》,黄山书社1991年版,第21—24页。

续表

县名	灾民数	死亡人数
青阳	31 000	80
广德	58 900	30
郎溪	80 000	220
全椒	80 000	200
滁县	64 300	57
来安	30 000	100
合计	5 291 430	37 748

清至民国时期，皖江地区由堤坝溃决所造成的水灾次数较多，灾民及死亡的具体人数无法全部精准统计，即使是官方文献统计的也与事实有偏差，但是从清代文献记载以及民国大水灾统计的概略数据来看，堤坝的溃决加剧了水灾严重程度，造成了人口数量的剧减，从而使农业劳动力的数量也随之减少，给农业生产带来了严重的影响。水灾过后，皖江地区满目疮痍，田地荒芜，农业生产恢复较慢，劳动力的缺失是出现这样场面的原因之一。

（二）堤防溃决，灾患程度加重，加剧了灾民的流亡和迁移

堤防溃决，致使庐舍田地淹没殆尽，灾后瘟疫肆虐，灾民生活在水深火热之中，被迫流亡他乡。汪志国认为，在“安土重迁”的传统观念仍禁锢人们大脑的近代社会里，灾荒以及由此造成人们生活的贫困是人们背井离乡的主要原因之一[①]。孙本文认为，近代人口迁移大致有四种类型，一是因受水、旱天灾和逃离战乱，占44.1%；二是因歉收、破产、贫困等外出谋生者，占25.8%；三是经商、求学及外出务工者，占10.2%；四是其他投靠与婚嫁迁出者，占19.9%[②]。由此可见，人口迁移的主要原因是灾荒和战乱。清至民国时期，皖江地区的这种情况比较普遍。如乾隆二十九年（1764

① 汪志国：《近代安徽：自然灾害重压下的乡村》，安徽人民出版社2008年版，第132页。

② 孙本文：《现代中国社会问题》（第三册），商务印书馆1943年版，第50—51页。

年)，无为州连绵大雨，江潮涨发，“临江及三坝相继破，江水横入，圩田堤岸尽沉，飘荡庐舍无算，有溺死者。四乡屯民挈眷奔冈赴城避水”[①]。道光二十九年（1849年），宿松“大水淹没田舍无算，乘舟入市，岁大饥，是年水祸之奇为有清百数十年所仅见”[②]。宣统三年（1911年），安徽发生了水灾，当时的《民呼报》记载了受灾较重的怀宁、潜山两县的流民流亡时的惨景：“流离荡析之惨，儿啼女哭之声，不绝于耳目。……现怀、潜两属，饥民凡数十万，鸠形鹄面，无枝可依。啼饥号寒，所在皆是。”[③]民国二十年（1931年），“皖南一带，地滨大江，南北连日江水继涨不已。各县电告圩堤溃决者，已有怀宁、望江、舒城、庐江、无为、东流、和县、含山、当涂、芜湖、合肥、桐城、贵池等地”[④]，造成成千上万灾民流亡。据统计，此次水灾，安徽省南部流离人口占总人口的61%[⑤]。这一年的水灾导致安徽农民大量离村迁移，皖北地区离村率为19%，皖南地区离村率达61%[⑥]。

灾民流亡到城市较多，“城市是流民的天然蓄水池”，由于城市商品经济的发展、社会秩序的相对安定，这些都吸引灾民迁往城市。尤其是在近代社会，流亡到城市的农民占多数。民国二十四年（1935年），中央农业实验所对农民流离的基本形式做过一次调查，调查结果表明全家离村的农户中，到城市谋生、做工的约占37%，到城市或别村逃难的约占22%，到别村种田或开垦的也约占22%，其他约占19%[⑦]。灾民一般就近流离到城市，如民国二十年（1931年）水灾时，芜湖县乡村灾民“连日至芜湖逃荒者不下万人”[⑧]，“当涂邻近乡民便纷纷迁进城内，耕牛亦送入城里”[⑨]。皖中地区

① 嘉庆《无为州志》卷三十四《集览志》，江苏古籍出版社1998年版，第412页。

② 民国《宿松县志》(二)卷五三《杂志》，江苏古籍出版社1998年版，第485页。

③ 李文海，林敦奎，周源，宫明：《近代中国灾荒纪年》，湖南人民出版社1990年版，第759页，转引自汪志国《近代安徽：自然灾害重压下的乡村》，安徽人民出版社2008年版，第133页。

④ 张安东：《民国时期安徽灾荒与农村社会经济》，《巢湖学院学报》2010年第2期。

⑤ 金陵大学农业经济系：《中华民国二十年水灾区域之经济调查》，《金陵学报》1932年第2卷第1期。

⑥ 程必定：《安徽近代经济史》，黄山书社1989年版，第243页。

⑦ 章有义：《中国近代农业史资料》(第三辑)，生活·读书·新知三联书店1957年版，第893—894页。

⑧《申报》民国二十年(1931年)八月四日。

⑨《大公报》民国二十年(1931年)九月十日。

灾民多跨过长江迁向皖南地区，“安庆迁入池州的为最多。在池州接受的31万移民中，至少有半数来自安庆府”[①]。据统计，皖南地区因为这次的水灾离村农民中的男子占离村总人数的60%，皖北地区占73%。到民国二十二年（1933年）全省青壮年男女离村农户达219 424户，占全部农户的10.60%[②]。汪志国认为，民国时期安徽移民有三个特点：“其一，在移民的队伍中，自耕农、佃农占和拥有5～10亩土地者占大多数，约为2/3，这表明，没有土地或拥有土地较少的农民群体，抵御灾荒的能力是很弱的。其二，有青年男女的农家离村的较多，使得农村劳动力减少了，对农业生产是不利的。其三，离村农民中到城市的较多，约占2/3。”[③]农业劳动力数量的逐渐减少对农业经济的发展十分不利。

二、堤防工程对土壤环境和耕地的影响

修筑堤岸，兴修水利，将滨水地带开垦成圩田，使得一些原本只能生长水草和芦苇的沙洲也被开垦成种植农作物的芦田，其土壤的肥力和耕作的条件均得到提高。因此堤防工程的修建改善了土壤环境，增加了耕地面积，促进了农业生产的发展。但堤防工程的修建对土壤环境和耕地也造成了破坏，所以其负面影响也不可忽视。下面就皖江地区堤防工程建设对土壤环境和耕地的负面影响作一探讨。

（一）堤防溃决对土壤环境的破坏作用

皖江地区圩田主要是以肥沃的水稻土为主，其地力肥沃，适宜发展农业生产，对安徽农业经济的发展作出了贡献。但堤防溃决，常造成土壤沙化和农田涝渍，肥力下降，严重影响了农业生产。

清代时，皖江地区由于山地的过度垦殖以及堤防工程的不断退建，加剧了水土流失，一旦山洪暴发或堤防决口，山地泥沙汇同江沙沿流而下，

① 曹树基：《中国移民史》（第六册），福建人民出版社1997年版，第463页。

② 章有义：《中国近代农业史资料》（第三辑），生活·读书·新知三联书店1957年版，第886页。

③ 汪志国：《近代安徽：自然灾害重压下的乡村》，安徽人民出版社2008年版，第137—138页。

极易淹没滨江以及沿河的田地，造成沙压或冲压。乾隆二十四年（1759年），安徽巡抚高晋奏："潜山、太湖、宿松、望江、婺源，并续报之怀宁等六县，均因大雨倾注，山水猝发，一时宣泄不及，平地水深数尺及丈余不等。田亩冲压，禾苗淹损，坍倒房屋，淹毙人口。"[①]乾隆三十二年（1767年），安徽巡抚冯钤上奏朝廷："嗣据庐州府知府……禀称，查勘得无为州之三公山等处三面俱山，于五月初三日（6月9日）猝被蛟水，……石压沙壅田三顷二十六亩……又据宁国府知府……禀称，查勘得泾县……沿溪间有沙压之田。"[②]乾隆五十八年（1793年），安徽巡抚朱珪上奏："惟查安庆府属……池州府属……太平府属……庐州府属……暨和州等二十三州县，并建阳、安庆……等五卫，民田交错地方，先后禀报，高阜地亩夏秋俱获丰收，惟滨江临湖……低洼之区，因夏间雨水稍多，或山水骤发，或江淮盛涨，间有漫溢沙壅之处。"[③]道光十七年（1837年），皖江地区江湖涨发，安徽巡抚色卜星额奏："其前次被水较重之绩溪、歙县、太平、宁国四县，冲坍房屋，沙压田亩。"[④]清末，潜山县每年实际收成的田地不过20万亩，但是其中有5万亩左右为滨河低洼之地，"堤溃则成砂砾"[⑤]。民国二十年（1931年），潜山县滨河圩堤溃决40余处，"受灾区域，纵横数十里之遥，尽成一片沙滩，淹压田地，数不胜计"[⑥]。

堤防溃决，不仅造成江河之水和泥沙冲压田地，还导致滨河之地出现涝渍化，影响农业耕作。皖江地区滨湖的田地，地势低洼，洪水淹没后，一时难以泄洪，常导致涝渍，影响补种禾苗。清至民国时期，皖江地区堤防溃决次数较多，洪水淹没大量田地，土壤涝渍之灾严重。乾隆十四年（1749年），安徽巡抚纳敏奏："安省各属，本年春夏之交，雨水俱已沾

---

① 水利电力部水管司科技司，水利水电科学研究院：《清代长江海域西南国际河流洪涝档案史料》，中华书局1991年版，第350页。

② 水利电力部水管司科技司，水利水电科学研究院：《清代长江海域西南国际河流洪涝档案史料》，中华书局1991年版，第402页。

③ 水利电力部水管司科技司，水利水电科学研究院：《清代长江海域西南国际河流洪涝档案史料》，中华书局1991年版，第508页。

④ 水利电力部水管司科技司，水利水电科学研究院：《清代长江海域西南国际河流洪涝档案史料》，中华书局1991年版，第804页。

⑤ 民国《潜山县志》卷三《田赋下》，江苏古籍出版社1998年版，第64页。

⑥ 安徽省地方志办公室：《安徽水灾备忘录》，黄山书社1991年版，第31页。

足。……惟是低洼处所，不无过多，恐致停涝淹浸。……又据该府……禀报，被淹田地稍高者，渐次消退，禾苗不致有伤。洼地尚在淹浸，倘大暑前涸出，犹可补种。但恐圩埂冲破之处，水难堤退等情”。[1]乾隆二十九年（1764年），皖江地区大水，沿江州县，圩田淹没较多，“其低下之处，尚有积水，缘田亩多有座落江高于田之处，形如釜底，江水归槽已经断流，田水不能随之退出，是以积水尚有一二尺，最低处所尚有二三尺不等，补种无期，不免一隅偏灾”[2]。道光四年（1824年），安徽巡抚陶澍上奏朝廷，“皖省沿江被水，无为一州地势最低，被灾尤重。……上年江潮异涨，州境全淹，数月始退，皆因江坝被冲并下河水口淤塞，以致弥漫四溃，自应赶紧兴修”[3]。光绪八年（1882年），安徽巡抚裕禄奏：“本年江潮盛涨，水落过迟，圩田地势极洼，至今积水难退，晚禾杂粮概无补种。目前艰苦情状，尤甚于上游。”[4]光绪三十二年（1906年），安庆、池州、太平、庐州、和州等地，“滨江湖河各处，亦因水大漫淹，冲溃圩堤，积水过深，尚未涸复”[5]。民国二十年（1931年），潜山县圩堤溃决，泛滥几十里，“现在各处积水，尚未全消，而天雨仍复不止，倘山洪再发，夏麦即受影响，春耕又不能着手，秋收更无望”[6]。

沙压或涝渍，造成土壤环境恶化，致使地力下降，影响农业生产的发展。有人可能会说，河流漫淤过后，土地有质物增加，土地趋于肥沃。其实这仅仅限于河流定期而不经常泛滥的地方（如非洲的尼罗河），若是水灾频发，时常淹浸原先垦熟之地，那么就会造成一方面耕地兴废不常，另一

① 水利电力部水管司科技司，水利水电科学研究院：《清代长江海域西南国际河流洪涝档案史料》，中华书局1991年版，第308页。

② 水利电力部水管司科技司，水利水电科学研究院：《清代长江海域西南国际河流洪涝档案史料》，中华书局1991年版，第385页。

③ 水利电力部水管司科技司，水利水电科学研究院：《清代长江海域西南国际河流洪涝档案史料》，中华书局1991年版，第663页。

④ 水利电力部水管司科技司，水利水电科学研究院：《清代长江海域西南国际河流洪涝档案史料》，中华书局1991年版，第995页。

⑤ 水利电力部水管司科技司，水利水电科学研究院：《清代长江海域西南国际河流洪涝档案史料》，中华书局1991年版，第1177页。

⑥ 安徽省地方志办公室：《安徽水灾备忘录》，黄山书社1991年版，第31页。

方面是耕地地力下降，最后导致荒芜不治。[①]如《宿松县志》载，康乾间"国家无事，人民安乐，年岁丰穰"，但嘉道之后，"水患频仍，全县五十一庄受水者二十有七，腴壤变为荒原，良田鞠为茂草"[②]。这种情况在《宿松县志》中记载较多，如该县的南北二阪，其田地为长河及泊湖环抱，道光之后，由于江水涨发，压浸成沙渍，田地荒芜，其中"亦有废为牧厂、草场者"[③]。还有阴功阪"向系大阪，田亩因地势窪下遇水即淹"，康熙四十一年（1702年）被垦成田，道光之后，"水患愈甚，冲刷愈多，一片荒原，遂难垦复，近只蓄柴草以度粮赋"。黄雀阪在县汚池庄，"旧有圩田，今堤溃，弃为草场，每逢水涨尽没洪流"[④]。

（二）堤防工程造成大量耕地的缺失

堤防工程造成耕地的缺失主要在于两个方面，一是由于堤防工程崩坍或决口，常常导致两岸滨江低洼之田地坍入或沉于江河之中，致使田地缺失；二是由于堤防工程的修建，造成耕地被挖废或占用。

由于"沿江堤坝屡徙，田之坍于江者不赀"[⑤]，如无为州在明万历年间"坍田万有余亩，……顺治三年告坍田地又一百四十余顷"[⑥]。宿松县在"清道光间，水患频仍，江岸倾镇，近卸滩陆，节次坍入大江，民居荡析。同治八年，复遭大水冲压，自段窑镇下至大田尾一带圩垆尽成白沙，约十里长"。其金刚料镇"南滨大江，与江西彭泽接壤，镇环围洲地二十余里，道光至同治年间，节次颓卸，全坍入江。迩年，毗连之洲坍犹未止，居民惴惴"[⑦]。另外，堤防决口造成的损失也是较大的，有的低洼之地受涝渍之灾，无法耕种。如民国二十年（1931年）的水灾致使怀宁县圩堤几乎全部溃破，地成泽国，田庐尽被淹没，广济圩圩堤濒临长江，绵延百余里，田

① 张崇旺：《试论明清江淮地区的水旱灾害与农业耕作的变迁》，《中国农史》2006年第1期。

② 民国《宿松县志》（一）卷十五下《赋税志》，江苏古籍出版社1998年版，第333页。

③ 民国《宿松县志》（一）卷二十《水利志》，江苏古籍出版社1998年版，第416页。

④ 民国《宿松县志》（一）卷二十《水利志》，江苏古籍出版社1998年版，第417页。

⑤ 嘉庆《无为州志》卷六《水利志》，江苏古籍出版社1998年版，第86页。

⑥ 嘉庆《无为州志》卷六《水利志》，江苏古籍出版社1998年版，第87页。

⑦ 民国《宿松县志》（一）卷五《地理志》，江苏古籍出版社1998年版，第99页。

地数十万亩，全部遭受水灾①。民国二十年（1931年），皖江地区的受灾面积为65 372方里，淹没农田数为9 024 729亩（见表6–2）。

表6–2　民国二十年(1931年)皖江地区农田受灾状况统计②

县名	受灾面积/方里	淹没圩田/亩	淹没其他/亩
怀宁	4 554	255 200	—
桐城	2 848	236 507	—
望江	531	156 000	—
无为	833	860 000	260 000
和县	6 550	490 000	20 000
宿松	11 000	200 000	360 000
含山	3 000	100 247	20 779
潜山	60	40 000	10 000
太湖	1 480	88 520	—
合肥	120	601 000	700 000
巢县	1 250	300 000	50 000
庐江	1 567	199 900	260 000
舒城	5 000	150 000	50 000
六安	96	—	25 560
宣城	800	623 500	103 100
贵池	4 200	250 000	—
东流	2 366	111 358	—
铜陵	3 900	100 000	80 000
芜湖	1 030	224 730	216 100
当涂	4 600	678 000	150 000
繁昌	2 800	270 000	—

① 汪志国:《自然灾害对近代安徽乡村环境的破坏》,《安徽师范大学学报(人文社科版)》2010年第5期。

② 安徽省地方志办公室:《安徽水灾备忘录》,黄山书社1991年版,第18—21页。

续　表

县名	受灾面积/方里	淹没圩田/亩	淹没其他/亩
秋浦	190	44 000	—
南陵	970	208 000	—
青阳	180	44 600	7 400
广德	386	85 000	—
郎溪	1 275	197 000	23 000
全椒	3 200	61 360	41 300
滁县	466	3 352	3 916
来安	120	53 300	12 000
合计	65 372	6 631 574	2 393 155

为了解决皖江各干流及支流的洪水倒灌问题，往往需要兴建大量的堤防工程，这需要占用部分耕地。如清代时，无为州由于屡筑堤坝，“一坝、二坝、三坝、四坝而屡圮，计州境民田渐次陆沉于江者四十余里”[①]。乾隆二年（1737年），为解决无为江坝筑坝无地的问题，无为州守范从彻提出了开浚新河，再行筑坝的建议，他认为：“开浚古河不无少损田庐、坟墓之处。附近居民狃处堂之智，谅多哓哓。”[②]从乾隆二年（1737年）提出设想一直到乾隆五十九年（1794年）才正式完成开河筑坝工程，其原因也是考虑到要尽量减少田地的挖废。乾隆年间开浚工程挖废田地较多，其田之赋税常被豁免。据《无为州志》载，乾隆十一年（1746年）“开新河，五十三年开月河，五十八九两年开引河、上河，嘉庆四年后复筑黄丝滩月堤，一切挖压，统计田若干亩俱归坍废，随题随豁”。乾隆三十二年（1767年），政府“豁除原实田五十六顷七十五亩三分一厘三毫”。乾隆四十四年（1779年），“豁除原实田一十六顷八十四亩五分一厘五毫有奇”。乾隆五十七年（1792年），“豁除原实田一十顷十八亩三分一厘七毫”。乾隆五十八年（1793年）和乾隆五十九年（1794年）开挖引河和上河，“豁除原实田一百二十九顷八十九亩八分七厘三毫有奇”。嘉庆四年（1799年），“黄丝滩建

① 光绪《续修庐州府志》(一)卷十三《水利志》，江苏古籍出版社1998年版，第180页。
② 嘉庆《无为州志》卷五《水利志》，江苏古籍出版社1998年版，第73页。

堤，坍挖报豁四则田十四顷二十四亩一分九厘三毫”①。无为州自嘉道以来坍废或为修建堤坝而挖废的圩田有青山圩、王小圩、张古圩、王家厂圩、大成圩、新成圩、庆丰圩、东滩圩、万家滩圩、永定圩、神塘圩、祖师圩、散汊圩、泮河圩、神张圩、白茅圩、庆城圩、泰丰圩、和家圩、下新圩、宝兴圩、花家圩、夹江圩、庆丰圩、力胜圩等②。宿松县由于水患较多，修筑堤防次数也多，“光绪十七年、二十二年、二十八年、三十一年各年闲修筑同仁长堤、康公、交公、御湖七里、驿里、丁家口、泾江官口等堤，共挖废田二十一顷三十亩八分二厘一毫”③。

综上所述，虽然堤防的修建在抗洪救灾方面是值得肯定的，但其对农业生产环境产生了很大的负面影响。一方面造成农业生产劳动力减少，另一方面，不仅恶化了土壤环境还造成农业耕地的缺失，这些对农业发展十分不利。以上两点负面影响尤其值得我们注意与思考，对今天的堤防工程建设有一定的参考价值。

第三节　清至民国时期堤防工程对民众生活环境的影响

生活环境指的是与人类生活密切相关的各种自然条件和社会条件的总体，它由自然环境和社会环境中的物质环境所组成④。生活环境按其是否经过人工改造来划分，可分为自然环境和人工环境。自然环境，又称为原生环境或第一环境，指天然形成的未经人类改造过的由大气圈、水圈、土壤圈、生物圈和岩石圈相互交接而成的，保持着原生状态的种种自然物的总和，如土地、山脉、河流、海洋、各种动植物等；人工环境，又称人工自然或第二自然，指自然界原本没有，人类出于自身生存和发展需要而通过劳动在自然物的基础上加工建造出来的各种人工生态系统，如城乡聚落、交通通讯设施、能源供给系统、水利灌溉系统、农田、牧场、林厂、鱼塘

① 嘉庆《无为州志》卷六《水利志》，江苏古籍出版社1998年版，第87—88页。

② 陈恩虎：《明清时期巢湖流域农业发展研究》，南京农业大学2009年博士论文，第339页。

③ 民国《宿松县志》(一)卷十五下《赋税志》，江苏古籍出版社1998年版，第334页。

④ 汪志国：《民国时期安徽淮河流域的自然灾害及灾害救助》，《灾害学》2009年第3期。

以及农林牧渔等各种人工自然产品，还有人类改造和控制自然的物质技术装备等[①]。堤防工程作为农业生产的命脉，对民众的生活环境必然会产生一定的影响。关于清至民国时期人类活动对安徽民众生活环境的影响，相关学者已有所研究，但他们重点是从自然灾害的角度阐述其对生活环境的影响，从人类活动的视角探讨并不多见，因此，本节主要在已有研究的基础上重点从堤防工程的角度阐述人类活动对生活环境的影响。

一、堤防工程对乡村居民生活环境的积极影响

皖江地区河湖众多，梅雨季节时，江水、湖水、河水同时异涨，农田与土地常处于危险境地。这时，堤防就成为皖江地区主要的防洪措施，人们依靠堤防阻挡洪水侵袭，保护农业生产和生命财产。

皖江地区是圩田的重要分布区。“大江南北情形相若，沿江接阡，皆赖圩田蓄泄之利。宁国、太平、无为、和州财赋之区，古称饶足。”[②]皖江地区的芜湖、当涂、铜陵、巢县和无为州等州县的圩田在本地区耕地中占的比例约为70%，成为该地区耕地的主要部分[③]。如无为州“田计一百余万，山田十仅有三，余则尽属圩区，四乡计四百有奇，州民悉依以为命”[④]。这些圩田常受江水灾患的威胁，因此堤防对其极为重要。如无为州“盖坝蜿蜒如常山蛇，江水澎湃，直啮其趾，尺寸不坚，必溃决莫救。江水自西南复绕而东，日夜与坝战而攻其瑕。吾濡泽国，原田十之三，而阖郡多仰食于三百六十之圩。坝一溃，虽有良亩善稼，顷刻为大浸，而数百万生民其鱼矣。故他属待命于天，而濡独与水争利”[⑤]。一旦江水异涨，堤防冲溃，就会出现“圩民荡析离居，禾稻漂没”[⑥]的局面，而江堤的建设有力地保障了民众的生活环境。

① 汪志国:《近代安徽：自然灾害重压下的乡村》，安徽人民出版社2008年版，第165页。

② 赵崔莉:《清代皖江圩区的民间信仰》，《古今农业》2007年第1期。

③ 彭雨新，张建民:《明清长江流域农业水利研究》，武汉大学出版社1993年版，第84页。

④ 光绪《续修庐州府志》(一)卷十三《水利志》，江苏古籍出版社1998年版，第185页。

⑤ 嘉庆《无为州志》卷六《水利志》，江苏古籍出版社1998年版，第80页。

⑥ 光绪《续修庐州府志》(三)卷末《续补遗》，江苏古籍出版社1998年版，第647页。

清代，江水贯穿安庆府城东，且与城中河湖相连，汛期时，城中江湖泛滥成片，一片汪洋，城内的住宅房屋和田地常淹没于水中，人们常受此累。嘉庆八年（1803年），沙琛调入怀宁任知县，见人们常受江水所害，于是决心修筑江堤阻挡洪水，修成的防洪堤自任家店至新河口长约25公里，为防内涝和引水灌溉，该堤堤身建有三座通江涵闸。该堤建成后，安庆城内民众的生命财产和田地得到了保障，人们将之称为“广泰圩”，寓广享平安之意，这就是现在的广济圩。光绪八年（1882年）夏，霪雨连月，安徽沿江大水，庐州府所属各州县濒江临湖之圩形势危急，安徽巡抚裕禄拨款银四千两予以赈济，但由于和州裕溪口对岸胡家庄等处江坝溃破，以致无为下九连诸圩也被淹，“经前湖督李瀚章、今大学士李鸿章倡捐万金，仍以无、和交界应建横堤”，因此，“自是秋至次夏，庐和七属江坝民圩同时修复，并收当耕牛，招集流亡，工赈兼施，大苏民困，其创建无、和分界之赖蒲滩新堤，计长十二里，所费尤巨，自是可免波及之累，允为要工”[①]。从以上可以看出江坝对于临江圩田和当地民众生活环境的重要性。

堤防工程的修建除了可以保护农业生产和人们的生命财产外，还可以优化、美化人们的居住环境。堤防工程竣工后，江坝的两岸都会载柳植草，保护堤坝。两岸的护堤林成为沿江一带一道亮丽的风景线，“夹堤栽柳，高下成行。堤柳成林，淡烟笼翠。翠荫交加，映蔽天日。云光四幕，莺簧蛙鼓。”[②]这是堤坝与护堤林相互辉映的景观写照。古代许多文人墨客的诗歌也反映了江堤与柳树成荫的优美景观，如《长堤阴柳》中描写望江县堤防景观：“万株杨柳密如栉，环堤曲折随风拂。……交枝掩映接雷城，来往何妨赤四行。阵阵藕花香扑鼻，行歌戴月醉报襟。”[③]望江县邑人刘天雄在《春堤荫柳》中写道：“郭外烟含万柳浓，镇前遥望曲堤通。几时春入层阴里，三月人归密翠中。影接暖暄常冉冉，润来酥雨更蒙蒙。等闲燕坐南楼上，细听莺啼向晓风。”[④]这种江堤与柳树形成的湖光山色在皖江地区比比皆是，不仅美化了皖江民众的居住环境，净化了空气，而且给皖江民众带

① 光绪《续修庐州府志》(三)卷末《续补遗》,江苏古籍出版社1998年版,第646页。

② 贾乃谦:《明代名臣刘天和的“植柳六法”》,《农业考古》2002年第3期。

③ 乾隆《望江县志》卷十六《政绩传》,转引自赵崔莉《清代皖江圩区社会经济透视》,安徽人民出版社2006年版,第243页。

④ 乾隆《望江县志》卷八《艺文》,江苏古籍出版社1998年版,第667页。

来了美的享受。现如今，江堤景观已成为皖江地区的旅游景点之一。

皖江地区江堤与圩田构成的景观比较有特色，当地的联圩并圩工程使圩田千里连绵，在江堤的怀抱里，一块块圩田相互依偎在一起，圩外炊烟缭绕，真是一派壮观、和谐的圩田景观。南宋诗人杨万里曾写道："上通建德下当涂，千里江湖缭一圩。本是阳侯水精国，天公敕赐上农夫。"并且指出圩田景色为："周遭圩岸缭金城，一眼圩田翠不分。行到秋苗初熟处，翠茸锦上织黄云。""古来圩岸护堤防，岸岸行行种绿杨。岁久树根无寸土，绿杨走入水中央。"今天，许多清至民国时期的圩田遗址依然是阡陌田野，沟渠纵横，碧波绿影。

二、堤防工程对民众生活环境的消极影响

堤防建设有效地保障了人们的农业生产和生命财产，使人们有了安定的生活环境，但同时堤防工程也带来了一些负面影响。我们阐述历史，是为了更好的总结经验，吸取教训，从这方面来说，堤防工程负面影响尤其值得关注。

（一）堤防工程建设引起水利纠纷和矛盾

堤防工程建设牵涉到许多利益群体，因此皖江地区人们常因为修筑堤防而产生水利纠纷和矛盾，严重影响了当地民众的生活。如南陵县圩民与商户之间关于水利工程修筑产生的矛盾。南陵县东青弋江镇的周围是圩田，且该镇为贸易聚集之处，贸易兴盛。该镇有座柿树坝，此坝既保障了圩田生产又保护了商贸场所免于水患。柿树坝一般在农闲时由"业佃修筑，以防水患"。康熙四十七年（1708年）和雍正十二年（1734年），大水两次冲决堤坝，"圩民艰于修筑，县令铺户破格相助，其后圩民习以为常，指坝为市埂，常年修筑亦欲铺户襄助。铺户不从，状恳仍循旧例，以苏商困。查柿树坝关系民田，县志并无市埂名目，诚宜由业佃独修。但以地为商民辏集，圩埂易于损坏"。因此规定"坝埂常年由圩民修筑，遇水决及坝身全坍之时，工程浩大，圩民力难修筑，仍由铺户乐输帮助"[①]。并将全案立石碑

① 民国《南陵县志》卷六《舆地志》，江苏古籍出版社1998年版，第75页。

以记之。柿树坝的纠纷如果解决不好将会影响人们的生活，在水灾年代，铺户不相助，圩民又无力修筑，导致水患越来越严重，对圩民和商户的利益皆有影响，得不偿失。最后按照受益的原则进行裁定，使得矛盾双方皆大欢喜。

类似以上的这种纠纷在皖江地区比较普遍，又如康熙年间关于修筑南陵县上洲坝的纠纷事件，也反映了利益群体之间的矛盾。这次利益群体是圩民与圩民之间。南陵县上洲坝周围有许多圩田，其中大圩包围着小圩，小圩受水患影响较小，因此小圩圩民对修筑堤坝不太积极，这就引起处于大圩外部的圩民不满，使得双方矛盾重重。《南陵县志》对此次纠纷描述道："东北圩旧为河中沙淤地，通年诸圩名为协修，每恃己腹地多不自筑"，因此，修筑堤坝的责任落在滨河的圩民身上。甚至在发生水灾时，小圩圩民也袖手旁观，这引起滨河圩民的不满。康熙二十八年（1689年），知县马侯"勒令各筑各圩，不容牵扰"，次年又"勒修原埂，以杜架害"[①]。

皖江地区还存在的一种水利纠纷是部分圩民为自己私利在河道中私自排桩筑坝布网，这种行为给圩岸和河堤造成了很大的影响，同时也阻断了来往船只的行驶，给商业运输带来了不便。铜陵县境内临江之处有个三港口，该港口扼水道之襟喉、汇山湖诸水，直泄到长江，此外别无支河分泄，地理位置非常险要。有部分滨河圩民为牟取渔利，在沿堤的河底私凿塘窖、排桩筑埂，以致阻水决堤，屡次妨碍商民舟楫运输。这种行为对堤坝损害较大，给圩区的安全也带来了潜在危险，这必然引起其他民众的反抗[②]。从而导致纠纷和矛盾。

（二）堤坝溃决对民众生活环境的破坏

堤坝建设原为防洪的主要工程措施，但其常致江河水位抬高，出现"河日高而田日低"的局面。皖江地区特殊的地理环境和气候特征决定了其易发洪水。堤坝一旦被冲决，洪水滔天，对民众的生活环境会造成巨大的破坏，洪水会冲垮房屋、冲毁耕地、冲走粮食等，还会造成人口和家畜的伤亡。

① 民国《南陵县志》卷六《舆地志》，江苏古籍出版社1998年版，第76页。
② 赵崔莉：《清代皖江圩区社会经济透视》，安徽人民出版社2006年版，第116页。

道光二十八年（1848年）和二十九年（1849年），皖江地区阴雨连绵，江湖并涨，堤坝崩溃严重，民舍田庐尽被淹没。安徽巡抚王植在上报朝廷的奏折中对此作了具体描述，道光二十八年（1848年）七月十一日奏：“望江县西圩漫溃缺口一百余丈，铜陵县六段江坝坍缺三丈有余，无为州东南等乡在七等里，及和州桐城逼临大江，圩埂亦均漫溃，田庐被淹，尚未淹毙人口，……惟期水势迅速消退，或可补种杂粮，其被淹处所，俟查勘明确，再行办理。”[①]七月二十日奏：“皖省本年五六月间雨水过多，加以上游江广等省诸水汇注，江潮盛涨，致怀宁县之广泰等圩，无为州之在七等里，望江县之西圩，铜陵县之六段埂坝，并桐城、和州圩埂，均被漫溃，田庐被淹。……两旬以来，上游众水滔滔下注，本境阴雨不止，以致水势有长无消。无为州续报太一等里，力胜等圩全被漫淹。铜陵县续报江水来源更旺，越过坝面缺口坍卸更大，致将沿江九十六圩十四芦洲，尽皆淹没。”[②]道光二十九年（1849年）十月十三日奏：“本年安徽省滨江各州县，自春徂夏雨水过多，江潮异涨，洪湖倒灌……以致堤坝均被冲溃，低田及平原地亩，并沿江洲地，悉被淹浸，衙署民房仓廒、监狱、营房、城垣多被淹塌。”[③]闰四月初五日奏：“惟无为州境上游之青山圩堤坝，访闻该印委等，未能及早挑筑，现因雨水过多，江潮陡涨，以致上年漫缺之口新土复被冲刷，江水灌入圩内。……兹据查明，无为州堤坝周围计长二百一十七里，其黄丝滩神塘圩等处险要堤工，均已修筑将次完竣。惟土桥汛之青山圩沿江堤坝一道，计长一十五里，缺口刷有二十余丈，圩内之水与江水混连，一时难以宣泄，只能俟水势稍退，缺口露出之后，方能补筑。”[④]

光绪八年（1882年）夏，安徽大水，江水、湖水、河水并涨，庐州知府黄云亲往无为江堤查勘堤防。黄云以其所见向朝廷通禀堤坝冲溃情况，详细描述了堤坝崩溃对民众生活环境造成的破坏。下面将黄云对此次水灾

① 水利电力部水管司科技司，水利水电科学研究院:《清代长江海域西南国际河流洪涝档案史料》，中华书局1991年版，第872页。

② 水利电力部水管司科技司，水利水电科学研究院:《清代长江海域西南国际河流洪涝档案史料》，中华书局1991年版，第872页。

③ 水利电力部水管司科技司，水利水电科学研究院:《清代长江海域西南国际河流洪涝档案史料》，中华书局1991年版，第888页。

④ 水利电力部水管司科技司，水利水电科学研究院:《清代长江海域西南国际河流洪涝档案史料》，中华书局1991年版，第890页。

的描述兹录如下：

本年入夏以来，阴雨连绵，弥月不止，内湖外江之水陡涨数丈。合肥地势素高，而自郡城东关迤逦达于施口，计水程七十余里，两岸大小十数圩又三河亦二十余圩，刻下仅存数圩。余皆漫淹已成巨浸。据县禀报，不禁惕然磋磋，小民何以堪此。卑府遂于六月初八日乘坐扁舟亲往查看。第见弥漫汪洋，浩渺无际。屋脊树杪宛在中央，田禾尽没，人民离散。间有高墩之上未去之民，则相聚哭泣，忍饥待毙，其颠沛之状，目击心伤，虽经卑府捐廉散赈，然杯水车薪无济于事，随出示劝谕乐善之家暂借米粮，以救目前之急。然必须设法筹款招集流亡修复圩堤，以工代赈，庶离民不致远徙，圩田不致久荒，此合肥东南乡滨湖各圩已溃，人民流离，经卑府劝导，殷富量为周急之情形也。……于是顺流行抵无为州境，自黄洛河以下水与堤平，有仅露出堤顶一二寸者，细察其由乃湖水外流、江潮内灌、表里相攻、咸汇于此，酿成危险，骇目惊心。各圩民有弃堤不守携家逃奔者，卑府一面出示禁止搬移，一面督夫加添子埂，夫守望相助，众志可以成城。倘人怀离心，众无固志，虽不危险，亦难守御。故禁搬移不得不严加子埂，不得不急。奈取土维艰无所措手。卑府于急遽之中，饬令圩民将田中之禾连根带泥拔置堤上，参差迭垒，庶子埂可成。而农民有吝惜不拔者，即晓之日拔稻作埂，原非得已，然以全圩计之不过去万分中之一分耳，所损甚微，为益甚巨，倘吝一束之稻使千万束同归于尽，利害损益之理较然甚明，何惮而不为耶！于是圩民恍然大悟，相率而为，人人争效，故三日之间，二百里之内所有子埂一律告成，高出水面尺许，于是人心遂固，此无为州后河圩堤几被漫淹，经卑府拔稻作埂以救危急之情形也。①

宣统三年（1911年），皖江地区又遭受洪水的蹂躏，江潮暴涨，长江堤坝“冲破殆尽”。清政府任命的抚赈大臣冯煦在《蒿庵奏稿》中记述了这次

① 光绪《续修庐州府志》(三)卷末《续补遗》，江苏古籍出版社1998年版，第646页。

洪灾中民众生活环境的惨况：“凡灾重之区，村庄庐舍，多荡为墟，流亡者十逾五六。每行数里十数里，罕见人烟，或围敝席于野外，或牵破舟于水中，稚男弱女，蜷伏其间。所餐则荞花芋叶，杂以野菜，和煮为糜，日不再食。甚则夫弃其妇，母弃其子”，“惨切情形，目不忍睹”[①]。

当然对民众生活环境破坏范围最广、损坏程度最严重的还是民国二十年（1931年）的水灾。这一年的大雨从年中一直下到9月，加上江水倒灌，山洪暴发，长江堤防溃破，洪水横流，一片汪洋，安徽全省遭受特大水灾。当时，芜湖约80%的稻田被毁，2000多所房屋被洪水冲坍，人畜淹毙，房屋坍塌，栖止无所，哀鸿遍野，啼饥号寒，惨不忍闻。[②]怀宁县“所有滨临江河两岸圩堤溃破九十余处，民尽翳桑，地成泽国，田庐倾圮，人畜漂没，尤为无算，诚近百年来所未有之奇灾”[③]。地跨怀宁、桐城两县的广济圩，圩堤濒临长江，绵延一百余里，圩田数十万亩，但入夏以来，由于江洪暴涨，圩堤溃决，全区淹没，“寸土无遗，屋宇倒塌殆尽，禾苗尽绝根株，人畜漂流，尸骸山积，器物冲散，百无一存，茫茫万顷，几断炊烟”[④]。桐城圩民濒临江水，沿江筑堤，入夏以来，江潮怒发，冲刷堤颓，堤坝缺口二百余丈，大水冲毁商店、屋舍，“圩内数十万民，仓皇失措，哭声震地。凡老弱孤幼，立葬于鱼腹。其他或卧在颓垣，尸埋瓦砾，或箕蹲断岸，身卷洪波，或登大树之巅，与根株而齐据，或立重檐之下，随梁木以俱摧。甚至一村数十家，不存片瓦。一家数十口，难觅孤丁”[⑤]。望江县江岸马华堤蒋家营以上冲破数十丈，又杨湾一带冲破30余丈，堤下60余圩，无一幸存，田庐漂没，“人畜器具，漂没于惊涛骇浪中，又不知凡几，号救之声，惨不忍闻。仅存之高处棉稻，亦被飓风蹂躏殆尽，毫无收望”[⑥]。无为县黄丝滩堤溃决，全县940余圩完尽被淹没，“村舍屋宇，随水漂没，灾民扶老携幼，冒雨迁徙，流离颠沛，悲惨情形，实属目不忍睹”[⑦]。宿松县滨江长

① 安徽省地方志办公室:《安徽水灾备忘录》,黄山书社1991年版,第3页。
② 安徽省地方志办公室:《安徽水灾备忘录》,黄山书社1991年版,第17页。
③ 安徽省地方志办公室:《安徽水灾备忘录》,黄山书社1991年版,第24页。
④ 安徽省地方志办公室:《安徽水灾备忘录》,黄山书社1991年版,第27页。
⑤ 安徽省地方志办公室:《安徽水灾备忘录》,黄山书社1991年版,第28页。
⑥ 安徽省地方志办公室:《安徽水灾备忘录》,黄山书社1991年版,第29页。
⑦ 安徽省地方志办公室:《安徽水灾备忘录》,黄山书社1991年版,第30页。

堤溃决，上自鄂境断窑，下至华阳，大小数十圩堤，亦同时崩溃，“人口牲畜，淹死无数，田庐坟墓，漂没无存。东南27庄，居民数万户，一片汪洋，尽成泽国”[①]。潜山县滨河圩堤溃决40余处，“受灾区域，纵横数十里之遥，尽成一片沙滩，淹压田地，数不胜计，被灾人口，达数十万之众，居民荡析流离，哀鸿遍野，厥状之惨，目不忍睹”[②]。合肥“全境圩堤，悉被冲决，田禾庐舍，飘荡无存。城乡人畜死亡，尤属不可数计”[③]。

（三）堤防工程建设中引起的贪腐舞弊、陋规恶习等不良行为

堤防工程建设过程中常会出现不法官吏、胥役等借端滋扰、贪腐舞弊以及偷工减料等行为，严重影响了堤防工程的施工质量和堤防建设的效果。为了严禁这些不良行为，政府采取了相关措施，如乾隆五十八年（1793年），乾隆皇帝朱批实施无为州上河第三期工程，为确保工程顺利实施，他在批文中规定：“至此项挑工，系该州绅士为保护田庐自行出资捐办，但向来地方官遇有挑河筑坝工程，动用官项，尚不免任意浮冒，从中侵蚀。今此项工程系绅士捐办，不肖官吏更难保无借端侵肥勒索等事。若因有地方公事，而官吏等转得借以饱其私囊，是非以便民，适以病民。……着专交朱珪就近随时亲赴工所督率稽查，毋任地方官吏、胥役等借端滋扰。书麟仍于工竣时亲往查验，以期一律稳固。倘稽查不力，官吏等稍有侵肥扰累等事，一经查出，惟朱珪是问，必将该官吏等及该抚一并从重治罪。”[④]同治十三年（1874年），庐州知府李炳涛将无为江坝的施工及管理方面存在的积弊，上奏安徽布政使裕禄，要求整顿坝工，并以碑文记之：“如敢苛派扰累及圩首、董事私收肥己者，本府一经访闻，即按与受同科之例严办，至浮费既除工归实清。如再有包揽牵算及包沙草率诸弊，定即重惩罚令补修……如有不肖绅董并书差人等仍前苛派需索以及工程有草率偷减情弊即行饬提郡破除情面严行惩办，毋稍宽纵是为至要此缴。”[⑤]光绪八年（1882年），庐州知府黄云在勘察裕溪口至土桥江坝民堤时，发现“江堤虽宽，无

---

① 安徽省地方志办公室:《安徽水灾备忘录》,黄山书社1991年版,第30页。

② 安徽省地方志办公室:《安徽水灾备忘录》,黄山书社1991年版,第31页。

③ 安徽省地方志办公室:《安徽水灾备忘录》,黄山书社1991年版,第32页。

④ 嘉庆《无为州志》卷五《水利志》,江苏古籍出版社1998年版,第76页。

⑤ 光绪《续修庐州府志》(一)卷十三《水利志》,江苏古籍出版社1998年版,第192页。

如水势之大且蛰陷迸裂之处，民力所不能施，必须椿木排列方能抵御者不下数十处。木料所需为款甚巨，值此青黄不接之时，财殚力痡之际，民惟束手徒唤”[①]。“至地方恶习，凡江潮盛涨之年，有木排经过堤岸者，刁狡之徒即率领农夫百十为群，借口救险硬将木排扣留，恃其人多势众，任意搬取巨木，不问价值多寡，迨水退圩安，则无人承认，使木商货本付之一空……卑府昨在运漕即有木商呈控圩民恃众逞凶，强搬木料，追至江滨，又有数商前来控告……卑府即为准理差查无为州各圩搬去木料即令圩董照数偿价……各圩如有紧要工程必须椿木，只准圩首向木商购买，不得恃众强搬，违者重究，现已相安。”[②]从这里可以看出堤防工程建设过程中的弊端行为是比较常见的。

---

① 光绪《续修庐州府志》(三)卷末《续补遗》,江苏古籍出版社1998年版,第646页。

② 光绪《续修庐州府志》(三)卷末《续补遗》,江苏古籍出版社1998年版,第647页。

结　语

堤防工程的出现与当地的自然环境密切相关。皖江地区河流、湖泊众多，水资源丰富。皖江两岸土壤肥沃，适宜农业发展，圩田开发较早。但由于该地区是典型的季风气候，每年春夏之交时，雨量较多，尤其是汛期时，江水、湖水、河水同时溢涨，水量集中，容易造成洪涝灾害。因此，为保障圩田生产，皖江地区历来都把堤防放在首要位置，不断修筑和加高堤防。在其堤防修筑历史上，皖江民众不断总结经验和教训，把江河干堤与众多圩埠由零星分散到联并，形成成圈江河干堤和圩坝堤防系统。正是由于皖江民众的开拓创新和辛勤劳动，造就了皖江堤防修筑史的辉煌业绩。探讨清至民国时期皖江堤防工程建设，对今天的堤防建设和农业发展有着重要意义。

通过对清至民国时期皖江地区有关堤防水利文献资料的搜集、整理与研究，最大程度地复原清至民国时期皖江堤防工程修筑历史，笔者从中得出这段时期皖江堤防工程有以下几个方面值得关注：

一、纵观皖江地区堤防的修筑历史，清至民国时期是皖江江堤形成和发展的一个重要时期。比如无为江坝虽然在明代就已出现，但正是由于乾隆时期“鼎修全堤”，才奠定了今日无为大堤的雏形。同马大堤、广济圩江堤也是在晚清时期逐步修筑而成。民国时期，虽然政府腐败无能，战争不断，但皖江沿江民众为了保障农业生产，在江堤建设方面仍取得不小成就，枞阳江堤、芜当江堤、广济圩江堤等在民国时期进行了多次修筑。清至民国时期皖江沿岸形成了同马、广济、枞阳、无为、芜当、马鞍山等六大江防干堤，它们与圈内的圩堤、河坝共同构成了目前庞大复杂的堤防系统，共同保护着皖江地区的农业生产和人们的生命财产。

二、清至民国时期皖江堤防工程建设无论是技术还是管理方面都取得了很大进步。主要包括堤坝的施工技术、防护技术、联圩并圩技术、江堤治理技术以及工程材料的改进等。皖江地区对堤坝的修筑有一定的技术要求，如规定取土不能太靠近堤坝，以免损坏堤基，修堤坝的土一般用黏土而不用沙土等。皖江地区很早就注重生物护堤，如修筑防浪戗台加固堤坝。当时还有一个创举，即把联圩技术与江堤治理结合起来，缩短堤防的防护长度。这一时期，为了适应堤防修筑的需要，堤防修筑的役夫派征和经费筹措都有了很大的变化，有力地保障了堤防建设的开展。另外，清至民国时期皖江堤防水利的管理制度和管理机构也比较完善，其水利行政趋向统一化、管理模式趋向法制化等。这一时期皖江堤防修筑技术和管理模式对我们现如今的堤防建设具有重要的参考价值，有些技术沿用至今，如生物护堤技术、施工技术等。

三、清至民国时期皖江堤防工程为当时皖江地区的社会经济带来了水利效益，保障了农业生产，美化了人们的生活环境，但同时也对自然生态和社会生态产生了一些负面影响。堤防工程为皖江地区的社会经济带来了水利效益，这是毋庸置疑的历史事实，当时芜湖米市上的米主要由皖江地区供应，可见皖江农业生产的重要地位，而农业生产离不开堤防的保护。笔者通过查阅相关文献资料，分别从水系生态环境、航运通道自然形态、动植物群落方面论证了皖江堤防建设对该地区自然生态产生的负面影响，这应该引起我们的重视和反思。

跳出本书的框架，关于皖江堤防工程还有很多问题值得进一步探讨。为此，笔者做了以下几点展望，希望对今后的相关研究有所裨益。

一、清至民国时期皖江地区的堤防工程是长江流域水利工程建筑史上的典范，也是我国水利文化遗产的重要组成部分。在今后的研究中可以将皖江地区的堤防水利遗产纳入到水利文化遗产研究体系中，以期加强对皖江地区堤防水利文化遗迹的保护和研究。清至民国时期堤防工程的修筑技术、管理机构、管理制度和运行模式等都非常值得当代借鉴和研究。现如今，皖江地区许多堤防工程还保留有清至民国时期堤防工程的历史遗迹，如无为大堤上清代的闸坝工程遗迹，像泥汊坝子大斗门，就是今利民闸的前身；同马大堤上许多坝段仍可看到清至民国时期的建筑痕迹；等等。皖江地区许多江坝和河湖堤坝构成了水利文化遗产，这些水利文化遗产如何保护，使之持续发展，如何使传统和现代相结合，值得我们深思。

二、皖江堤防工程与人们的生活息息相关，涉及方方面面，内容十分丰富，很多内容都有深入研究的空间，如清至民国时期皖江堤防工程的水利纠纷、堤防工程与社会生活、堤防工程修筑过程中涉及的生态补偿等，都值得做深层次的挖掘和探讨。另外，堤防工程是为防洪而修建的，但是，随着堤防的修建，反而洪水灾害发生频率次数在增加，危害性在加剧，当时的人们是如何反思这种恶性循环的结果的呢？还有就是堤防工程作为皖江城市的防洪屏障，堤防与城市发展的相互关系也是一个非常有意义的选题。

三、继续考察现代皖江堤防工程的建设和发展。20世纪50年代后，水利工程建设更加受重视，皖江地区的堤坝建设也进入新时期，堤坝修筑技术得到进一步提高，尤其是堤坝崩坍的治理更加科学合理，改变了以往主要以退建堤的方式治理江坝的方法，现代主要采用沉排、平顺抛石、沉树、护坎等方法保护江坝，并取得了成效。现代堤防修筑过程中，更加注重堤防与生态的关系，提倡生态水利。那么现代皖江堤防工程在修筑技术、管理上如何进步，堤防工程与生态的关系又是如何变化的呢？这些都值得我们进一步思考和探讨。

清至民国时期皖江堤防工程的研究内容广泛而复杂，笔者的研究未能尽其详，且限于个人的知识和能力，有很多方面思考的不太成熟，或需要作进一步挖掘和研究。因学力不逮，本书中有些论点存在可商榷之处。为此，笔者期盼专家学者不吝指正，希望本书能对皖江堤防工程研究起抛砖引玉之用。

主要参考文献

一、典籍文献

[1] [明]潘季驯.河防一览[Z].文渊阁四库全书本.

[2] [清]靳辅.治河方略[Z].乾隆三十二年(1767年)刊本.

[3] [清]陶澍,邓廷桢,李振甫,等.安徽通志[Z].道光十年(1830年)刻本.

[4] [清]黄桂,宋骧,等.康熙太平府志[Z].光绪二十九年(1903年)活字本.

[5] [清]赵尔巽.清史稿[Z].民国十七年(1928年)清史馆本.

[6] 安徽通志馆.安徽通志稿[Z].民国二十三年(1934年)铅印本.

[7] [清]黎世序,等.续行水金鉴[Z].北京:商务印书馆,1937.

[8] [清]陈守仁,贾彬,郭维祺.雍正舒城县志[Z].北京:中国书店,1992.

[9] 马鞍山市地方志编纂委员会.马鞍山市志[Z].合肥:黄山书社,1992.

[10] [清]张楷.康熙安庆府志[Z].南京:江苏古籍出版社,1998.

[11] [清]郑交泰,曹京,等.乾隆望江县志[Z].南京:江苏古籍出版社,1998.

[12] [清]李清岩.乾隆铜陵县志[Z].南京:江苏古籍出版社,1998.

[13] [清]顾浩,吴元庆,等.嘉庆无为州志[Z].南京:江苏古籍出版社,1998.

[14] [清]舒梦龄.道光巢县志[Z].南京:江苏古籍出版社,1998.

[15] [清]刘廷槐.道光来安县志[Z].南京:江苏古籍出版社,1998.

[16] [清]廖大闻,金鼎寿.道光续修桐城县志[Z].南京:江苏古籍出版社,1998.

[17] [清]张星焕,曹德赞.道光繁昌县志[Z].南京:江苏古籍出版社,1998.

[18] [清]朱大绅,高照.光绪直隶和州志[Z].南京:江苏古籍出版社,1998.

[19] [清]张绶.光绪宣城县志[Z].南京:江苏古籍出版社,1998.

[20] [清]陆廷龄,桂迓衡,等.光绪贵池县志[Z].南京:江苏古籍出版社,1998.

[21] [清]黄云修,林之望,等.光绪续修庐州府志[Z].南京:江苏古籍出版社,1998.

[22] 鲍寔.民国芜湖县志[Z].南京:江苏古籍出版社,1998.

[23] 徐乃昌.民国南陵县志[Z].南京:江苏古籍出版社,1998.

[24] 舒景蘅,等.民国怀宁县志[Z].南京:江苏古籍出版社,1998.

[25] 俞庆澜,刘昂修,张燦奎,等.民国宿松县志[Z].南京:江苏古籍出版社,1998.

[26] 高寿恒,李英.民国太湖县志[Z].南京:江苏古籍出版社,1998.

[27] 吴兰生,王用霖,刘廷凤.民国潜山县志[Z].南京:江苏古籍出版社,1998.

[28] 安徽地方志编纂委员会.安徽省志[Z].北京:方志出版社,1999.

[29] [宋]杨万里.诚斋集[Z].长春:吉林出版集团,2005.

[30] [清]顾祖禹.读史方舆纪要[Z].北京:中华书局,2005.

[31] [清]何绍基,杨沂孙.光绪重修安徽通志[Z].南京:凤凰出版社,2011.

二、论著

[1] 郑肇经.中国水利史[M].北京:商务印书馆,1939.

[2] 孙本文.现代中国社会问题[M].北京:商务印书馆,1943.

[3] 李文治.中国近代农业史资料(第一辑)[Z].北京:生活·读书·新知三联书店,1957.

[4] 章有义.中国近代农业史资料(第三辑)[Z].北京:生活·读书·新知三联书店,1957.

[5] 史念海.河山集[M].北京:生活·读书·新知三联书店,1978.

[6] 安徽师范大学地理系.安徽农业地理[M].合肥:安徽科学技术出版社,1980.

[7] 安徽省水利勘测设计院.安徽省水旱灾害史料整理分析[Z].合肥:安徽省水利勘测设计院,1981.

[8] 姚汉源.中国水利史纲要[M].北京:水利电力出版社,1987.

[9] 王鹤鸣.安徽近代经济探讨(1840—1949)[M].北京:中国展望出版

社,1987.

[10] 李仪祉原著,黄河水利委员会选辑.李仪祉水利论著选集[C].北京:水利电力出版社,1988.

[11] 梁方仲.中国历代户口、田地、田赋统计[M].北京:中华书局,1988.

[12] 汪家伦,张芳.中国农田水利史[M].北京:农业出版社,1990.

[13] 闵煜铭,曹松涛,方觉曙,等.安徽省地理[M].合肥:安徽人民出版社,1991.

[14] 安徽省地方志办公室.安徽水灾备忘录[Z].合肥:黄山书社,1991.

[15] 水利电力部水管司科技司,水利水电科学研究院.清代长江流域西南国际河流洪涝档案史料[Z].北京:中华书局,1991.

[16] 彭雨新,张建民.明清长江流域农业水利研究[M].武汉:武汉大学出版社,1993.

[17] 赵冈.中国历史上生态环境之变迁[M].北京:中国环境科学出版社,1996.

[18] 张芳.明清农田水利研究[M].北京:中国农业科技出版社,1998.

[19] 安庆市水利局编.同马大堤志稿[Z].合肥:安徽省水利志编辑室,2001.

[20] 池子华.中国流民史·近代卷[M].合肥:安徽人民出版社,2001.

[21] 曹树基.中国人口史·第五卷·清时期[M].上海:复旦大学出版社,2001.

[22] 郭万清,朱玉龙.皖江开发史[M].合肥:黄山书社,2001.

[23] 周魁一.中国科学技术史·水利卷[M].北京:科学出版社,2002.

[24] 钞晓鸿.生态环境与明清社会经济[M].合肥:黄山书社,2004.

[25] 李卫华.无为大堤志[M].北京:九州出版社,2005.

[26] 周宏伟.长江流域森林变迁与水土流失[M].长沙:湖南教育出版社,2006.

[27] 张崇旺.明清时期江淮地区的自然灾害与社会经济[M].福州:福建人民出版社,2006.

[28] 赵崔莉.清代皖江圩区社会经济透视[M].合肥:安徽人民出版社,2006.

[29] 汪志国.近代安徽:自然灾害重压下的乡村[M].合肥:安徽人民出版社,2008.

[30] 冯贤亮.近世浙西的环境、水利与社会[M].北京:中国社会科学出版社,2010.

[31] 尹玲玲.明清两湖平原的环境变迁与社会应对[M].上海:上海人民出

版社,2008.

[32] 张芳.中国古代灌溉工程技术史[M].太原:山西教育出版社,2009.

[33] 徐建平.政治地理视角下的省界变迁:以民国时期安徽省为例[M].上海:上海人民出版社,2009.

[34] 姜加虎,窦鸿身,苏守德.江淮中下游淡水湖群[M].武汉:长江出版社,2009.

[35] 张建民,鲁西奇.历史时期长江中游地区人类活动与环境变迁专题研究[M].武汉:武汉大学出版社,2011.

[36] 王利华.徘徊在人与自然之间:中国生态环境史探索[M].天津:天津古籍出版社,2012.

[37] 包茂红.环境史学的起源和发展[M].北京:北京大学出版社,2012.

[38] 夏明方.近世棘途:生态变迁中的中国现代化进程[M].北京:中国人民大学出版社,2012.

[39] 庄华峰.古代长江下游圩田志整理与研究[M].芜湖:安徽师范大学出版社,2014.

[40] 王建革.江南环境史研究[M].北京:科学出版社,2016.

[41] 汪志国,房利,胡孔发,等.近代淮河流域自然灾害与乡村社会研究[M].合肥:安徽大学出版社,2018.

三、期刊论文

[1] 盛颂文.为水利告皖人书[J].农学杂志,1928(3).

[2] 盛其音.皖省堤岸保安林建设之刍议[J].安徽农学会刊,1934(3).

[3] 胡焕庸.安徽省之人口密度与农产区域[J].地理学报,1935(1).

[4] 张帆.江淮丘陵森林的盛衰及中兴[J].农业考古,1983(2).

[5] 林承坤.古代长江中下游平原筑堤围垸与塘浦圩田对地理环境的影响[J].环境科学学报,1984(2).

[6] 崔思棣.江淮地区圩田初探[J].安徽史学,1984(6).

[7] 李伯重.明清江南农业资源的合理利用——明清江南农业经济发展特点探讨之三[J].农业考古,1985(2).

[8] 金家年.丹阳湖的历史变化与水阳江流域的农田开发[J].安徽大学学报(哲学社会科学版),1988(2).

[9] 杭宏秋.安徽沿江沙洲开发历史和现状探讨[J].中国农史,1990(1).

[10] 王方中.1931年江淮大水灾及其后果[J].近代史研究,1990(1).

[11] 汪家伦.明清长江中下游圩田及其防汛工程技术[J].中国农史,1991(2).

[12] 张爱民.近代安徽人口的变迁[J].安徽师大学报(哲学社会科学版),1996(3).

[13] [韩]金胜一.近代中国地域性灾荒政策史考察——以安徽省为例[J].北京大学学报(哲学社会科学版),1997(4).

[14] 王思明.条件与约束:资源、技术、制度与文化——关于农业发展研究的一个分析框架[J].中国农史,1998(1).

[15] 刘沛林.历史上人类活动对长江流域水灾的影响[J].北京大学学报(哲学社会科学版),1998(6).

[16] 王社教.清代安徽农业生产的地区差异[J].中国农史,1999(4).

[17] 林齐模.旧制度的危机——太平天国战争对安徽田赋征收的影响[J].安徽史学,2002(3).

[18] 孙语圣.民国时期安徽的水利建设[J].民国档案,2002(4).

[19] 庄华峰,王建明.安徽古代沿江圩田开发及其对生态环境的影响[J].安徽大学学报(哲学社会科学版),2004(2).

[20] 施和金.安徽历史气候变迁的初步研究[J].安徽史学,2004(4).

[21] 佳宏伟.近十年来生态环境变迁史研究综述[J].史学月刊,2004(6).

[22] 李根蟠.环境史视野与经济史研究——以农史为中心的思考[J].南开学报(哲学社会科学版),2006(2).

[23] 惠富平,黄富成.汉代江淮地区陂塘水利发展及其环境效益[J].中国农史,2007(2).

[24] 饶明奇.论清代防洪工程的修防责任追究制[J].江西社会科学,2007(3).

[25] 房利,惠富平.明清时期长江流域的开垦及其生态影响——以安徽芦洲开垦为例[J].甘肃社会科学,2014(5).

[26] 房利,惠富平.清代安徽无为江堤治理研究[J].中国农史,2014(5).

[27] 房利.清代安徽长江江堤建设经费来源问题考察[J].中国农史,2015(3).

[28] 房利.灾荒冲击下地乡村社会冲突——以近代淮河流域为中心地考察[J].中国农史,2017(2).

[29] 杨伟兵,杨斌.清代皖江水上救生事业初探[J].苏州大学学报(哲学社会科学版),2018(3).

[30] 房利.晚清和民国时期自然灾害对乡村生活环境地破坏[J].安徽工业大学学报(社会科学版),2018(4).

[31] 房利.灾荒冲击下地农民生活状况[J].中国农史,2020(3).

四、学位论文

[1] 张崇旺.明清时期自然灾害与江淮地区社会经济的互动研究[D].厦门:厦门大学,2004.

[2] 王大学.明清江南海塘的建设与环境[D].上海:复旦大学,2007.

[3] 梁诸英.明清时期皖南平原农业生产发展研究[D].南京:南京农业大学,2007.

[4] 卢勇.明清时期淮河水患与生态、社会关系研究[D].南京:南京农业大学,2008.

[5] 肖启荣.明清时期汉水中下游的水利与社会[D].上海:复旦大学,2008.

[6] 李德楠.工程、环境、社会:明清黄运地区的河工及其影响研究[D].上海:复旦大学,2008.

[7] 陈恩虎.明清时期巢湖流域农业发展研究[D].南京:南京农业大学,2009.

[8] 戴天放.鄱阳湖流域农业环境变迁与生态农业研究[D].福州:福建师范大学,2010.

[9] 董首玉.航运近代化与皖江地区的开发(1877—1937)[D].合肥:安徽大学,2012.

后　记

皖江地区指的是长江安徽段两岸地区，这里幅员辽阔，水系发达，水域畅通，社会经济基础好，为长江经济带的重要组成部分。

清至民国时期，皖江地区圩田、堤防等水利工程建设，在维系区域水环境稳定的同时，也在一定程度上影响了当地的生态平衡，使得这一地区成为长江流域典型的孕灾环境地带。在这种情况下，兼顾水利事业与生态环境维护，历来是当地官方和民间需要面对的重要问题。这一问题清末时已引起林则徐、魏源等人关注，而相关学术研究肇始于20世纪30年代，这在郑肇经《中国水利史》中有所反映；到20世纪80年代，学界对该问题的研究主要集中在水利工程技术方面，而水利事业发展及其与环境变迁关系问题尚未引起足够重视；从20世纪90年代开始，特别是近年来，水利社会视野下的皖江地区水利事业及其与生态环境变迁的关系问题进入相关学者的视野，研究论著不断涌现。

我幼时就生活在长江边上，对这一地带自然环境的复杂性和不稳定性有着深刻的体会。安徽河网密布，水资源充沛，又受季风气候影响，降水季节性变化明显，夏季，降水量大，多大雨或暴雨，导致江水暴涨，易成泽国，圩田往往会面临江水倒灌和破圩的危险，岌岌可危；而在冬春季节，降水量稀少，河流水量不足，又有干旱缺水的风险。正是这样的境况，这里的人民从小就知道水利建设的重要性。因此，我在攻读博士学位期间就开始研究家乡的水利建设与环境的关系，经过导师的反复斟酌和打磨，最终博士论文的选题确定为《清至民国时期皖江堤防工程建设及其生态影响研究》，后来我申报的安徽省哲学社会科学规划项目“堤坝、环境与社会——清至民国皖江流域堤坝水利工程研究”（项目编号：AHSKY2016D144）和国家社会科学基金项目“民国时期皖江流域水利事业及其生态影响研究”（项目编号：20BZS103）

也是围绕家乡水利与环境的关系而展开。

我最初选择研究水利与环境关系，是受益于导师惠富平教授的引领。惠老师的专攻方向是生态环境史，在农业生态史和农史文献方面都有卓越的成就和深厚的学术功底。读博期间，最快乐幸福的事情莫过于与导师交谈，导师的谆谆教诲至今仍历历在目，无论是学术上还是人生方向上，我都受益良多。从博士论文的写作到本书的出版都得到了导师的悉心指导和斧正，每次看到文稿上密密麻麻的红色字迹时，心中为自己的愚钝而自责，更为导师细致耐心的指导而感激。我申报的国家社会科学基金项目也是在导师的反复打磨下，才得以成功立项。当得知我的书稿将要出版时，他欣然同意我的请求，从繁忙的学术事务中抽出时间，为本书写序。

本书能够出版，还得益于许多良师益友，没有他们的帮助和指导，就没有这本学术成果。在此，特别感谢南京农业大学中华农业文明研究院院长王思明教授，人文与社会发展学院沈志忠教授、卢勇教授、李群教授、夏如冰副教授、曾京京副教授等各位老师，为我答疑解惑，鼓励和支持我。还要感谢安庆师范大学张祥稳学长、梁诸英学长，南京审计大学何红中学长，山东农业大学高国金学弟等为我提供的帮助。永远感谢已故的恩师汪志国教授，是他把我领进了学术的大门，让我有了立身之本。每当感到困惑乏力时，他那高大的身影，时时出现在我的脑海里，爽朗的笑声，萦绕在我的耳边，此时只有默默地敲起键盘，方能心安。

在本书即将付梓之际，还要特别感谢浙江机电职业技术学院领导以及诸多同事，正是在他们的关怀和帮助下，本书才能顺利出版。时光稍纵即逝，在各位老师和益友的悉心关怀和指导下，在你们的呵护与教诲之下，我得以不断成长，在此亦深表谢意。

最后还要感谢我的家人。在南京求学之际，儿子才两岁，全靠岳父母与爱人悉心照顾和培养教育，使我的学习没有后顾之忧。如今本书出版之际，儿子刚成为初中生，已开始和我探讨青涩的人生，这书也算是送给他一份小礼吧。此时疫情虽在，但世界美好依旧！

房　利

2021年8月8日